土工格栅加筋粗粒土坡

——机理及应用

胡幼常　孙云龙　毛爱民　刘　杰　著

董　刚　杨新龙　主审

知识产权出版社

全国百佳图书出版单位

图书在版编目（CIP）数据

土工格栅加筋粗粒土坡：机理及应用/胡幼常等著. —北京：知识产权出版社，2019.9

ISBN 978-7-5130-6337-1

Ⅰ.①土… Ⅱ.①胡… Ⅲ.①加筋土—土结构—研究 Ⅳ.①TU361

中国版本图书馆 CIP 数据核字（2019）第 126144 号

内容简介

本书围绕土工格栅加筋粗粒土坡涉及的加筋机理和稳定性分析方法等问题，首先对国内外研究历史和发展现状进行了全面概括和评述，然后介绍了典型新疆粗粒土的物理力学性质，分析了适用于新疆加筋粗粒土结构的土工格栅类型，结合无侧限抗压、大三轴和拉拔试验成果论述了土工格栅加筋粗粒土的力学特性、筋-土界面作用机理和界面强度规律，接着以离心模型试验为手段，探讨了土工格栅加筋粗粒土坡的变形特征和破坏形式，介绍了土工格栅加筋粗粒土坡的稳定性分析方法（包括作者提出的"影响带法"和"均质土坡法"）、土工格栅加筋粗粒土路堤的详细设计步骤，最后介绍了工程应用实例及其经济性比较。本书以推广土工格栅加筋粗粒土坡的工程应用为目的，可供土建、交通、水利及相关领域的工程技术人员和高等院校的师生参考，也可供从事相关研究的人员阅读。

责任编辑：张雪梅　　　　　　　　责任印制：刘译文

封面设计：曹　来

土工格栅加筋粗粒土坡
——机理及应用
TUGONG GESHAN JIAJIN CULI TUPO
——JILI JI YINGYONG

胡幼常　孙云龙　毛爱民　刘　杰　著
董　刚　杨新龙　主审

出版发行：知识产权出版社 有限责任公司		网　　址：http://www.ipph.cn	
电　　话：010 - 82004826			http://www.laichushu.com
社　　址：北京市海淀区气象路 50 号院		邮　　编：100081	
责编电话：010 - 82000860 转 8171		责编邮箱：laichushu@cnipr.com	
发行电话：010 - 82000860 转 8101/8102		发行传真：010 - 82000893/82005070/82000270	
印　　刷：三河市国英印务有限公司		经　　销：各大网上书店、新华书店及相关专业书店	
开　　本：787mm×1092mm　1/16		印　　张：13.5	
版　　次：2019 年 9 月第 1 版		印　　次：2019 年 9 月第 1 次印刷	
字　　数：246 千字		定　　价：78.00 元	

ISBN 978-7-5130-6337 - 1

序言一

　　新疆山岭地区大多山高、坡陡、地震烈度高，地形、地貌、气候、地质条件复杂，筑路条件困难。传统的山区公路路基一般采用直接放坡填筑路基，或采用传统的重力式挡墙收缩坡脚，工程造价高、施工难度大。土工格栅加筋粗粒土坡抗震性能好，可以收缩边坡坡脚，节省建设用地，对生态环境破坏小，达到了降低工程的施工难度、缩短工期的目的，是一种非常有前途的路基结构形式。

　　五年来，新疆交通规划勘察设计研究院联合武汉理工大学等单位组成的科研团队致力于土工格栅加筋粗粒土的研究，开展了大量的理论分析与试验研究工作，其研究成果已经在多个项目中得到了推广应用，取得了显著的经济、社会、环境效益。

　　习近平总书记在十九大报告中指出："加快建设创新型国家。创新是引领发展的第一动力，是建设现代化经济体系的战略支撑。"建立以企业为主体、市场为导向、产学研深度融合的技术创新体系，加强对中小企业创新的支持，促进科技成果转化。倡导创新文化，强化知识产权创造、保护、运用。培养造就一大批具有国际水平的战略科技人才、科技领军人才、青年科技人才和高水平创新团队。

　　胡幼常、孙云龙、毛爱民、刘杰四位作者长期耕耘在工程勘察设计、科研工作的第一线，今天我们欣喜地看到他们在加筋土领域的研究成果已集结成书，将成果和经验进行传播和分享，我认为这是一件很有意义的事情。

　　科学技术对建设交通强国具有重要的战略支撑作用，希望新疆交通运输科技工作者能志存高远、坚守理想、勤奋学习、善于思考、努力工作，立足新疆交通运输事业发展所迫切需要解决的关键技术问题，在工程建设和科研攻关领域能遍开实践之花，广结丰硕之果，为新疆交通运输事业的发展作出更大贡献。

　　近日，《土工格栅加筋粗粒土坡——机理及应用》一书已成功付梓，特缀数语为序。

新疆维吾尔自治区交通运输厅　副厅长　李宝森

序言二

随着国家对生态保护力度的不断加大，节约占地已成为公路、铁路、机场和变电站等基础设施建设的一个重要指导原则，这就要求在山岭重丘区修建基础设施时，在保证结构安全的前提下，尽量减小边坡坡率，以达到节地的目的。如何保持高填方边坡安全耐久，减少工程建设对自然生态环境的影响，实现边坡防护与周围环境和自然景观协调，节约工程造价，是工程界亟待解决的关键技术难题之一。

土工合成材料作为一种新型的岩土工程材料，已经广泛应用于公路、铁路、水利、电力、建筑、海港、采矿、机场、军工、环保等工程领域，被誉为继砖石、木材、钢材、水泥之后的第五大工程建筑材料。现有理论研究和工程实践表明，土工格栅对粗粒土有良好的加筋效果，可有效提升粗粒土的力学性能。土工格栅加筋粗粒土边坡不仅可以节约建设用地，减少工程建设对生态环境的破坏，还能达到降低工程施工难度和缩短工期的目的，同时土工格栅加筋土边坡具有良好的抗震性能，因此该结构在工程建设中应用前景广阔。

《土工格栅加筋粗粒土坡——机理及应用》针对土工格栅加筋粗粒土陡坡路堤的关键技术问题，采用理论分析、室内试验和现场试验相结合的技术路线，对土工格栅加筋粗粒土陡坡路堤的适用条件、结构方案及坡面防护方案、技术经济可行性、结构安全耐久性，土工格栅与粗粒土界面摩擦特性，土工格栅加筋粗粒土陡坡路堤设计计算和稳定性分析方法，土工格栅加筋粗粒土陡坡路堤施工工艺等技术内容进行了详细的阐述与分析。该著作内容丰富全面，结构科学合理，注重理论与实践的有效结合，是一本值得推荐的好书。

相信本书的出版对推动土工格栅加筋粗粒土坡在新疆乃至西北地区的推广具有重要的指导意义。

中国土工合成材料协会 秘书长

前　　言

20世纪80年代土工格栅在土木工程中开始应用，目前已广泛应用于公路、水利、铁路、市政等领域。土工格栅加筋粗粒土坡抗震性能好，可以收缩边坡坡脚，节省建设用地，对生态环境破坏小，可以显著降低工程的施工难度，缩短工期，从而减少工程费用，加快工程进度。但是由于土工格栅对土的加筋机理非常复杂，加筋理论目前还不完善，理论研究仍远落后于工程应用，导致工程界对加筋土结构的安全可靠性、设计方法的合理性存有疑虑，直接影响了这一有前途的路基结构形式在工程中的推广应用。

李广信教授指出，岩土工程是实践性很强的学科门类，"从来都是实践先于理论，经验先于科学"，需要理论与实践的密切结合。加筋土工程更是如此，大量的工程实践是推动理论研究取得进展的必经途径。鉴于此，在新疆维吾尔自治区交通运输科技项目的资助下，新疆维吾尔自治区交通规划勘察设计研究院、武汉理工大学、新疆交通建设管理局联合开展了"土工格栅加筋陡坡路堤在新疆山区公路中的应用研究"课题的研究工作。几年来，在课题组全体成员的努力下，顺利地完成了现场调研、室内试验、现场试验、理论分析等一系列研究工作，取得了创新性成果，书中对这些成果做了详细介绍。

本书以新疆山区公路为背景，对土工格栅加筋粗粒土坡的加筋机理进行了深入研究，在此基础上探讨土工格栅加筋粗粒土坡的稳定性分析方法；为兼顾理论与实用，提出了土工格栅加筋粗粒土坡安全系数计算的影响带法和均质土坡法，并详细介绍了土工格栅加筋粗粒土陡坡路堤的设计步骤，旨在推动其在工程中的广泛应用。

新疆交通规划勘察设计研究院董刚院长和杨新龙副院长对全书进行了仔细的审阅，并提出了许多有益的建议。本书依托的课题研究工作得到了新疆交通运输厅等单位的大力支持，并得到了合肥工业大学钱德玲教授、长江科学院丁金华教授级高工、童军博士的帮助和指导，中国科学院武汉岩土力学研究所对本书部分试验工作给予了支持，在此一并表示衷心感谢！

武汉理工大学的硕士研究生靳少卫、黄鑫、谢贝贝、陈晓鸣、李宗贺、宋海等参与了室内试验工作，新疆农业大学的硕士研究生王孟娜、本科生李跃华和张宗民，石河子大学的硕士研究生程佳佳、王优群、陈瑞考、段彦福、郭铭倍、麻佳、王艳坤参与了现场试验与资料整理工作，在此对他们表示诚挚的谢意！

本书在撰写时参考了大量国内外文献和资料，已尽可能都一一列出，在此一并向这些资料的原作者表示衷心的感谢和致敬！

由于作者水平有限，加之时间仓促，书中难免存在疏漏，部分结论和观点也有待进一步研究和完善，恳请专家和同行不吝赐教。

目 录

第1章 绪 论

1.1 推广土工格栅加筋粗粒土坡的意义

在我国许多地区广泛分布着粗粒土。以新疆为例，其粗粒土级配良好，最大粒径多在 60mm 以下，细粒含量在 5％左右，透水性强，水稳定性好，级配连续，易于压实，是理想的路基填料，也特别适合修建土工格栅加筋路堤[1,2]。这除了土工格栅对粗粒土的显著加筋效果已得到理论研究和工程实例的证实以外[1]，新疆等地区的客观条件也决定着它非常适合于推广加筋路堤。

新疆山区地形陡峭，山区公路高路堤较多，以往多采用重力式混凝土挡土墙来支撑高路堤边坡。由于新疆是地震多发区，抗震等级高，所以重力式挡土墙断面尺寸大，建造成本高；同时，新疆山区气候寒冷，混凝土的施工季节较短。这些因素都不利于修建混凝土挡土墙。而今，加筋土技术正迅速发展，传统的重力式挡土墙在大多数情况下可考虑用加筋土结构来代替，以达到充分利用当地砾石土资源、降低工程造价的目的。当受地形、路堤高度等条件的限制，必须设计成接近直立的边坡时，可采用加筋土挡墙，这比重力式挡墙一般能节约成本 25％～50％[3]；当条件允许适当放坡时，则可采用土工格栅加筋粗粒土路堤，不考虑占地面积的因素，一般条件下加筋粗粒土坡的建造费用约为相同高度加筋土挡墙费用的 50％[3]，经济效益十分明显。

土工格栅加筋粗粒土坡之所以在新疆等地区具有较好的推广前景，主要源于以下几点：

1）土工格栅加筋路堤施工工艺简单，与一般不加筋的路堤施工相比，不需要特殊的施工设备，也不需要具备专门技能的施工人员；不加筋和加筋路堤的填筑方法基本相同，机械化施工程度高，需要人工少，受季节、气候的影响小；土工格栅的铺设与路基的填土作业同步进行，与重力式挡墙和加筋土挡墙相比，其工期可以明显缩短。

2）新疆山区大多数处于偏远地区，交通不便，运输成本高。土工格栅加筋粗粒土路堤可就近取用土石作为填料，外运的材料只有土工格栅。土工格栅质量轻，为柔软的卷材，易于搬运，且搬运过程中不易损坏，可显著降低运输成本。

3）土工格栅加筋路堤属柔性结构，其优越的抗震性能已被世界范围内的许多大地震证实[4,5]。新疆是地震多发区，强震较频繁，土工格栅加筋路堤在强震下仍可保持完好无损或破坏轻微，不影响交通。对绝大多数的新疆山区而言，公路是唯一的交通方式，一旦发生强震，山区公路是抗震救灾的唯一生命线，生命线的畅通将体现出巨大的社会效益。

总之，新疆有广泛的砾石土材料，是理想的土工格栅加筋土料，用其修筑土工格栅加筋路堤，不仅物尽其用，造价低廉，而且施工简单，质量容易保证，并具有优良的抗震性能。

尽管有上述诸多有利条件，但土工格栅加筋路堤在新疆的应用还很少，其主要原因在于：

1）从全球范围看，由于土工格栅对土的加筋机理非常复杂，理论研究仍远落后于工程应用。目前对加筋机理的认识还很有限[1,6]，虽然土工格栅加筋粗粒土坡的应用实例很多，也很成功[3]，但却缺乏正确理论的指导，导致应用上存在盲目性，也发生了一些事故和失败的案例[6-9]，事后分析和总结的原因也不尽相同，这就使得设计者更加保守[6]，也是目前世界各国的设计方法多偏保守的根本原因[6,10]。理论上的不完善是阻碍加筋土结构大步向前发展的最根本原因。

2）就新疆地区来说，缺乏有针对性的研究则是影响土工格栅加筋路堤走向应用的直接原因。由于加筋粗粒土坡的受力机制、变形规律和稳定性受许多因素的影响，不仅与加筋材料的特性和筋层的设置有关，还与填土种类和性质、施工方法、施工质量以及地形、地质、水文、气候等诸多因素有关，不同地区，条件不同，主要影响因素会有差别。找出并抓住问题的主要矛盾，开展地区性的应用研究，取得成功的经验之后再逐步推广，是在新疆推进土工格栅加筋粗粒土路堤应用的必由之路。

1.2　国内外发展概况

1.2.1　加筋土发展概况

最早的加筋土坡是修建于公元前 121 年的河西走廊汉长城[11]，它以水平铺设的芦苇作为加筋材料，两层筋材间填筑粗粒土，经历 2000 多年的风雨洗礼仍然稳固（图 1-1）。

现代加筋土的概念于 1960 年由法国工程师 Henri Vidal 根据三轴试验结果首次提出，1963 年他发表了加筋土研究成果并提出了设计理论，1965 年在法国建

图 1-1　汉长城

造了第一座加筋土挡墙，并取得成功，继而申请了专利[12]。1967 年日本便将此项技术引进，并对其抗震性能进行了专门研究，而后立即用于铁道工程[12]。1969 年美国开始研究加筋土[13]，1972 年加筋土被美国交通部批准使用，并于当年在加利福尼亚州洛杉矶东北部的 39 号公路上修建了美国历史上第一座加筋土挡墙[3]，同时相关的试验和理论研究工作相继展开。随后，加拿大、澳大利亚及一些发展中国家先后引进了该技术。

早期采用的加筋材料是镀锌金属条带，随着塑料等合成材料的发展，专用于岩土工程的合成材料相继出现，20 世纪 70 年代后期土工合成材料逐渐用于加筋土工程[14]。

镀锌金属条带是不易拉伸的刚性加筋材料，土工合成材料则是柔性可拉伸的加筋材料。研究成果表明[15,16]，筋材的抗拉刚度并不是越大越好，具有一定柔性的加筋材料可保证筋-土界面的协同工作，筋材和土的强度能同步发挥，加筋效果比刚性筋材好，又不存在锈蚀问题。目前的加筋土结构都以土工合成材料筋材为主。Holtz[15]认为，与加筋土结构相比，高度大于 10～12m 的传统钢筋混凝土挡墙完全失去了竞争性，并预言土工合成材料加筋土（Geosynthetic Reinforced Soil，GRS）陡坡和加筋土挡墙将很快成为标准结构。

土工格栅是土工合成材料的一种，在土工合成材料中具有较大的拉伸强度和刚度。土工格栅按制造方法一般分为整体拉伸土工格栅、经编土工格栅、粘接与焊接土工格栅。整体拉伸土工格栅由于其节点强度高，常用于路堤加筋工程。按拉伸工艺的不同，又分为单向、双向、三向和多向土工格栅（图 1-2）。土工格栅具有较大的网孔，可以使土颗粒嵌入其中，互相嵌锁，形成咬合力，通常称此为"嵌锁作用"或"咬合作用"。该嵌锁作用使得土工格栅的抗拔力比加筋条带或土工布之类的加筋材料大得多，所以加筋的三大作用（侧限作用、张力膜作用和应力扩散作用）能更加充分地发挥，从而明显增强加筋效果[17-21]。

研究表明[22]，土工格栅加筋粗粒土（如砂土、砾石土、卵石土或碎石土等）的

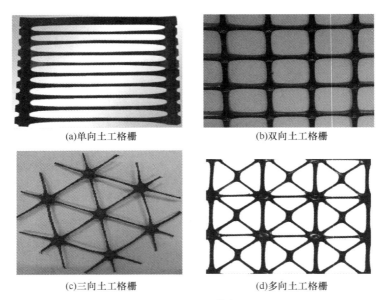

(a)单向土工格栅　　　　　　　　　　(b)双向土工格栅

(c)三向土工格栅　　　　　　　　　　(d)多向土工格栅

图 1-2　土工格栅

嵌锁作用最大，而与细粒土的嵌锁作用较小，因此更适合用于加筋砂砾石等粗粒土。

　　土工格栅诞生于 20 世纪 80 年代，第一次用于土体加筋是 1981 年，1983 年在美国开始大量使用[3]。我国大约于 20 世纪 80 年代末引进了 Netlon 土工格网生产技术，90 年代中后期才引进并生产土工格栅，但发展速度很快，目前国内已有多家大型企业可以生产各种规格的土工格栅，使其在我国的公路、铁路、水利、市政等领域得到了越来越广泛的应用。如今，土工格栅是加筋土结构中采用的主要加筋材料[1,3]。

　　尽管土工格栅在工程实践中已有大量应用，但因其作用机理复杂，理论上还有许多问题没有研究清楚，所以仍处于理论研究远落后于工程实践的局面，这对于土工格栅的广泛应用形成了制约。

1.2.2　土工格栅加筋粗粒土坡工程应用概况

　　正如李广信教授指出的，岩土工程本身就是实践性很强的学科门类，"从来都是实践先于理论，经验先于科学"[23]，需要理论与实践的密切结合。加筋土工程更是如此[11]，大量的工程实践是推动理论研究取得进展的必要途径。

　　因此，尽管理论还不完善，但工程应用的步伐却从没有停止。在我国，自从 1978～1979 年云南煤矿设计院在田坝矿区建成了 3 座高 2.4m 的试验性加筋土挡墙以来[11]，土工合成材料加筋土技术陆续在公路、铁路、水利、水运、煤炭、林业、市政等工程领域得到应用和推广。其中有许多加筋土坡的成功应用实例，如在福建漳龙高速公路[24]、赣（州）龙（岩）铁路[25]、三峡库区巫山县新城平湖西路[26]及巫山污水处理厂[27]、沪蓉高速公路湖北西段[28]、湖北宜巴高速[29]、四川锦屏电厂场区公路[30]等工程中都成功地修建了加筋土坡。这些加筋土坡的高度在 9.6~72m，大多数为 20m 左右；边坡的坡率在 1∶0.5~1∶1.5，大多数为 1∶0.75；使用的加筋材料基本上都是土工格栅，加筋层间距一般为 0.3~0.6m，绝大多数采用了反包形式；填土多为碎石土等粗粒土，也有黏性土和砂性土。其中，沪蓉高速公路湖北西段宜昌长阳县干沟土工格栅加筋高填石路基的边坡最大高度达 72.14m，边坡坡率为 1∶1.5，土工格栅的铺设长度在边坡的高度方向分上、中、下三段，中段长 15m，其余均为 10m，铺设层间距为 0.9m，填料为附近隧道挖出的石渣。经跟踪监测，该边坡的稳定性相当好[31]。锦屏电厂 1# 公路上的土工格栅加筋粗粒土路堤也是一个典型的工程案例[30]，该段路基位于雅砻江边，最大边坡高度 52m，每隔 15m 高设一级边坡平台，共分 4 级（第 4 级边坡高度为 7m），为收缩坡脚，下两级边坡坡率为 1∶0.58，上两级为 1∶0.8，主筋采用设计抗拉强度为 170kN/m、130kN/m、90kN/m、60kN/m 的 HDPE 单向土工格栅。1、2 级边坡土工格栅层间距为 0.6m，3、4 级边坡土工格栅层间距为 1m，主筋长 12~24m（底层 12m，向上逐渐增长，至 12m 坡高及以上均为 24m）。两层主筋间分别设 1 层或 2 层长度为 2m 的双向土工格栅作为辅筋，坡面采用反包土袋的方案。填料为隧道洞内石渣，计算内摩擦角为 40°。该工程于 2005 年建成，至今稳定性良好。

20 世纪 80 年代中期，美国修建了数百处加筋粗粒土坡[3]。此后又在多条公路、机场跑道等工程中修建了许多土工格栅加筋粗粒土坡，其中最高的达到 74m（坡率 1∶1），最陡的为 1∶0.25（坡高 3~18m）[3]。

1.2.3　土工格栅加筋土的试验和理论研究概况

自加筋土结构问世以来，人们就在不断探索加筋机理，因为只有对加筋机理有清楚的认识，才能对加筋土结构进行准确的分析，进而提出合理的设计计算方法。由于问题的复杂性，所以主要的研究手段是开展各种各样有针对性的试验；此外，基于弹塑性理论的岩土工程数值分析也是重要的辅助方法。前者主要包括无侧限抗压和三轴试验、拉拔试验、模型试验、现场测试等，后者主要包括有限元、有限差分、离散元等方法。研究的内容主要是加筋土体的宏观力学性能、筋-土界面特性、加筋土体内部的应力和变形规律等。

1. 加筋土的力学性能研究

加筋土的力学特性主要采用无侧限抗压和三轴试验进行研究。

Hu[32]等完成的无侧限抗压试验发现，当压实度 K 一定时，土工格栅加筋粒料土抗压强度随土工格栅层距 S 的减小而提高，但当 S 小于某一临界值 S_{cr} 后，这种作用并不明显，土的压实度越低，S_{cr} 值越大。由此可知，土工格栅层距应与压实度相匹配，并不是越小越好。实际工程中，如果土工格栅层距较小，则应尽量提高压实度，以便高密度布设的土工格栅加筋材料能充分发挥加筋的作用。

除无侧限试验外，三轴试验是研究加筋土整体力学行为的主要手段。限于常规三轴试样的较小尺寸和较低的应力水平，早期加筋土三轴试验多针对细粒土和砂土，筋材则选用强度较低的替代材料。

刘剑旗[33]、韩志型[34]、李文旭[35]等采用黏土进行了加筋土三轴试验，汪明元[36]、王协群[37]、周健[38]等对膨胀土进行了加筋土三轴试验。这些试验结果虽有一些不同，但均表明加筋可以减小土体的侧向变形，并提高土体的抗剪强度。这样的加筋作用对粗粒土则更加显著。

包建强等[39]采用小网孔双向土工格栅加筋风积沙试样完成的常规三轴固结排水试验结果表明：剪应力与轴向应变呈应变硬化型曲线；加筋使风积沙获得了表观黏聚力，且其大小随加筋层数的增加而增加；内摩擦角也随加筋作用增强而增大，当加筋层数为 2 层及以下时内摩擦角增加不大（2°以下），而 3 层时则增加了 8°多。

周小凤等[40]对不同结构形式的土工格栅加筋砂进行的三轴试验结果表明，单向土工格栅的良好加筋效果主要体现在提高加筋砂的黏聚力方面，而双向、三向和多向土工格栅的良好加筋效果主要体现在提高加筋砂的内摩擦角方面。

对于粗粒土，由于最大粒径较大，需采用较大尺寸的土样对加筋效果进行试验研究。为此，吴景海[41]采用准大型三轴仪（试样直径 15.28cm，高 20cm）对无纺土工布、土工网和三种类型的土工格栅（玻纤土工格栅、涤纶经编土工格栅和塑料双向土工格栅）完成了不同情况下的加筋粗粒土对比试验，发现在相同条件下，抗拉刚度和强度最大的玻纤土工格栅加筋砂土试样的剪应力与轴向应变曲线呈明显的应变软化型，过峰值点后，剪应力迅速下降而致试样破坏，而试验后土样内的玻纤土工格栅完整，没有破坏。这说明，过了剪应力峰值点后，土工格栅与砂在界面上发生了滑动，不能很好地协同工作。而含土工布、涤纶经编土工格栅和塑料双向土工格栅等相对较柔软筋材的加筋砂土试样，剪应力与轴向应变曲线为弱应变软化型，或在剪应力达峰值后呈水平线，表现出了很好的延展性。

抗拉强度和抗拉刚度最低的土工网加筋土样，其剪应力与轴向应变曲线也表现为较明显的应变软化型，过峰值点后剪应力有较大的下降，但下降到一定值（残余强度）后能保持基本稳定，后段基本为水平线。因此，就筋土协同工作的程度而言，加筋材料的抗拉强度并不是越大越好。

杨果林等[42]采用大型三轴仪（试样直径 30cm，下同）对人工配制的一种砂黏土（粗砂与黏土质量之比为 6∶4）和土工格栅加筋的砂黏土完成了一系列的试验，分析了压实度和加筋层数对土样应力-应变关系的影响规律。研究发现：①不加筋的砂黏土试样在高压实度低围压下应力-应变曲线呈轻微的应变软化特征，在高围压低压实度下则呈应变硬化特征；②压实度的提高对砂黏土抗剪强度的影响主要体现在黏聚力上，内摩擦角随压实度的提高变化不明显，黏聚力与压实度的关系呈指数形式增长；③加筋对强度指标的提高明显，87％压实度砂黏土加 1 层筋的强度指标达到了压实度为 90％的纯砂黏土的强度，加 2 层筋达到了压实度为 93％的纯砂黏土的强度。

保华富等[43,44]采用大型三轴仪对土工格栅加筋碎石料进行固结排水试验，结果表明加筋效果主要与试样的受力变形条件、加筋层间距及土料性质有关。

赵川等[45]采用网孔尺寸 9cm×2.5cm 的单向土工格栅进行了加筋和不加筋碎石土的大三轴固结排水剪试验，试验结果表明：未加筋试样的剪应力和轴向应变曲线为应变软化型，而加筋试样一般为应变硬化型，说明加筋后的碎石土延性增强，能承受更大的变形；土工格栅对试样的侧限作用明显，从而使其抗压强度显著提高。

石熊等[46]采用大型三轴仪对土石混合料、加筋土石混合料强度和变形特性进行了试验研究，发现加筋土石混合料应力应变关系为应变硬化型，与未加筋的纯土石混合料的应力应变关系相似。

徐望国等[47]采用双向钢塑土工格栅加筋红砂岩碎石土进行的大型三轴试验结果表明：①在轴向应变相同的条件下，加筋土的孔隙水压力均高于未加筋土，这说明加筋改变了土体的应力场；②准黏聚力原理适用于加筋红砂岩碎石土，加筋土的黏聚力明显提高，而内摩擦角 φ 值基本与未加筋土的相同。

Nazzal 等[48]对用土工格栅加筋的石灰岩碎石进行了一系列的三轴试验，研究了在恒载和周期荷载作用下土工格栅的类型、位置、加筋层数对试样的弹性模量、变形和抗剪强度的影响规律。试验结果表明：

1）与不加筋的情况相比，土工格栅加筋的试样，静三轴试验得到的弹性模量和抗剪强度都显著提高，动三轴试验得到的永久变形则明显减小。

2）当在离试样顶部和底部的 1/3 高度处各放一层土工格栅时可获得最好的

加筋效果；在离试样顶部或底部的 1/3 高度处放一层土工格栅，所获得的加筋效果次之；而仅在试样的 1/2 高度处放一层土工格栅时加筋效果最差。

对于上述第 2) 中，两层土工格栅的加筋效果好于一层，Nazzal 等[48]认为其原因是土工格栅层数多，则侧限作用大，相当于土工格栅加筋层将试样分割成了短试样，使试样的侧向鼓胀变形与短试样的相近。

2. 筋-土界面特性研究

加筋的直接作用发生在筋-土界面上，研究加筋机理，必须研究筋-土界面行为，这包括宏观和细观两个方面。宏观上，主要考察界面阻力的大小、变化规律和影响因素；细观上，主要考察筋-土共同作用方式、影响范围（即影响带[1]范围）大小，以及影响范围内土颗粒运动规律、应力应变分布规律，界面上筋材与土体间力的传递模式、相对位移的发生发展过程等。筋-土界面特性受筋材类型、结构形式、强度和刚度以及土颗粒大小、形状、级配、密实度、含水率和界面法向压力等诸多因素的影响[1]，非常复杂，还远未研究清楚。目前主要的研究手段是拉拔或直剪试验和离散元数值模拟。其中，宏观研究开展得相对早些，文献报道也多些，细观研究则处于起步阶段。

杨广庆等[22]从试验方法、加载方式、试验箱侧壁边界效应和尺寸效应、填料厚度、压实度及筋材夹持状况等几方面对砂砾料和黏性土与土工格栅的界面特性采用拉拔试验和直剪试验进行了研究。试验结果表明，土工格栅与砂砾料接触面抗剪强度较高，而与黏土接触面抗剪强度很低，并认为直剪摩擦试验不适合确定土工格栅与土接触面的抗剪强度。

史旦达等[49]通过砂土中的拉拔试验发现，土工格栅（单向和双向）对土颗粒的嵌锁作用使土工格栅横肋表现出明显的端承阻力，这在宏观上会使界面似黏聚力增加，因此土工格栅-砂土界面似黏聚力不等于 0，而是大于 0。砂土-土工格栅（单向和双向）的界面强度主要来源于两个方面：①表面摩擦力，在较小拉拔位移下即达到峰值；②横肋端承阻力，需较大拉拔位移才达到峰值。所以在拉拔后期，横肋端承阻力占主要地位。横肋端承阻力占主导的拉拔曲线基本为应变硬化型，表面摩擦力占主导的则为应变软化型。为了使土工格栅-砂土界面似黏聚力在界面强度指标中得到体现，史旦达等[49]还建议采用界面综合摩擦角作为界面强度指标。

汤飞等[50]经试验也发现，土工格栅与砂砾料的嵌锁作用是界面强度的主要来源，使得用摩尔-库仑强度包线描述的界面强度有很高的似黏聚力，或在低法向压力下界面似摩擦角高达 50°以上。Ingold[51]也曾测得土工格栅与砂砾界面摩

擦角达 $40°\sim71°$。

徐超等[52]采用双向土工格栅,有选择地剪掉部分横肋或纵肋,研究横肋或纵肋所占比例不同时在砂土中拉拔强度的规律,发现:①埋入土中的土工格栅有横肋时,其拉拔曲线为应变硬化型,或后段拉拔力为稳定值;埋入土中的土工格栅如果只有纵肋,则拉拔曲线为应变软化型。②土工格栅横肋端承阻力在拉拔位移达 $10.5\sim11.5mm$ 时才达峰值,纵肋摩擦力在 5mm 拉拔位移时即达峰值。在拉拔位移达到 5mm 以前,横肋端承阻力与纵肋摩擦力基本同步增长。此后,后者几乎不变,而前者继续增长,在 5mm 拉拔位移时其值才达到峰值的 55%,直到拉拔位移为 $10.5\sim11.5mm$ 时才达峰值。这说明大拉拔位移时,横肋端承阻力占了将近 50%。包承纲[1]认为,在拉拔后期,横肋端承阻力占比可能达 80% 以上。

王子鹏等[53]采用黏土完成的类似试验也表明,土工格栅(单向和双向)横肋的作用会使界面似黏聚力和似摩擦角增大,而且横肋对界面阻力的贡献占 50% 以上。王家全等分别采用河砂[54]和标准砂[55]进行的双向土工格栅拉拔试验发现,当法向压力 $\sigma=20\sim30kPa$ 时,土工格栅的横肋对土工格栅-砂界面阻力的贡献为总阻力的 $67\%\sim71\%$;当土工格栅埋入长度较大时拉拔曲线多为应变硬化型,土工格栅埋入长度较小时则多为应变软化型。

包承纲等[56]通过大型叠环拉拔仪(拉拔盒净尺寸为 $600mm\times600mm\times600mm$)完成的试验观测发现,拉拔过程中,土中不同位置的土工格栅横肋发生位移的启动时间不同,自拉拔端向内依次启动。也就是说,开始拉拔时拉拔端土工格栅即开始移动,这种移动逐渐向土工格栅末端(自由端)传递。当土工格栅末端开始移动时,土工格栅既有伸长也有平移,当位移达到一定量后土工格栅停止伸长,只有平移。

郑俊杰等[57]在用三向土工格栅和标准砂实施的拉拔试验中,采用不锈钢弦连接电阻位移计的方法观测了筋-土界面上不同部位的土工格栅位移量随拉拔进程而变化的情况,也发现了上述现象。显然,当土工格栅发生平移后,筋-土界面的长度不断减小,因此在根据极限拉拔力计算界面抗剪强度时必须考虑这个因素。

凌天清等[58]在含细粒土砂中完成的有关单向土工格栅的拉拔试验结果表明,拉拔阻力中横肋阻力占比在 50% 以上。试验还发现,筋-土界面强度随土的压实度提高而增大;土的含水率大于最佳含水率时,界面强度随含水率的提高而下降。

王家全等[59]利用大型直剪试验仪通过细观位移可视化技术发现,在 $6\sim8$ 倍平均粒径范围内的剪切带中，土颗粒主要发生平移和旋转运动，剪切带以外的颗粒以平动方式沿剪切方向位移，且位移较小。周健等[60]通过数字图像技术对砂土的细观参数进行了详细的研究，并开发了相关软件，为土体的细观研究提供了一种有效的手段。

1.2.4　加筋土的应力应变分析和破坏模式研究概况

对于加筋土结构，工程实践中最关心的是安全系数。安全系数可以从结构达到破坏的临界状态（塑性状态）求得，不需考虑加筋土的应力应变关系，从而简化了求解过程。但是，一方面，在工作状态下，加筋土并未进入塑性状态，或者仅部分进入塑性状态；另一方面，要全面了解加筋土的性状和工作机理，则还需研究受力后加筋土应力应变变化的全过程，而把极限状态仅作为应力应变发展的最终阶段[1]。包承纲[1]认为，将加筋土的应力应变发展和最终的破坏作为一个完整的过程进行系统性研究，就有可能将不同加筋结构（加筋挡墙、加筋边坡和加筋地基）的分析和设计方法统一起来，使其建立在共同的理论基础上，这是加筋土结构设计未来的发展方向。所以，研究加筋土的应力应变分布和变化规律是非常重要的基础性理论工作。但目前人们即使对没有加筋的纯土也还没有研究清楚，加筋土则更为复杂，研究的难度更大。目前，主要的研究手段是模型试验（包括离心模型试验）和有限元等数值模拟。

有限元等数值分析方法是分析加筋土应力应变规律的有效手段，有许多研究人员在这方面提出了有意义的研究成果[61-65]。在数值分析中，一般将筋材和土分开考虑，筋-土界面采用接触单元模拟，称为筋土分离法。其特点是概念清晰、直观，但计算相对复杂，在筋-土界面模型如何反映真实的加筋机理方面还有欠缺。另一种方法是将加筋土体视为均质复合材料，计算则简单许多。介玉新、李广信[66]提出的附加应力法就属于后一种方法。由于复合体的本构关系影响因素很多，很难用统一的形式表达，所以还需更广泛的研究。

有限元分析的最大特点是：能考虑材料的应力应变关系，复杂边界条件、非均质土等都可以完成计算，能模拟施工过程，可以给出工作荷载或其他假想荷载下土体和筋材的拉力和变形分布信息，给布筋方式和优化设计提供理论指导。但是，正如前文所述，其计算结果的准确性依赖于加筋土本构关系的正确表达，但这恰恰是目前还没有解决的难题。此外，有限元法不能对加筋土结构的整体安全性给出明确的评价。

王钊[67]提出了显微镜位移跟踪法，并对土工布加筋砂土模型边坡在坡顶荷载作用下土体的位移场进行了观测，得到了应变场随上部荷载变化的规律。考虑加筋土坡的平面应变属性，利用特制的平面应变剪切装置测得砂土的应力应变关系可用幂函数表示，在此基础上进行了有限元分析。由平面应变剪切试验的结果发现，土体中的筋材会改变土体中的应变场及其分布[68]，这种重分布是土体加筋作用的重要特征[1]。

胡幼常[17]采用显微镜位移跟踪法对土工格栅加筋软基进行了试验研究，观测了加筋对软基中位移场的影响规律，证实了土工格栅加筋层对软基的明显侧限作用。

由于模型试验一般只能采用缩小尺寸的模型，应力水平比实际工程中低得多，而离心模型试验则可以克服这个问题，离心惯性力使试验土体中的应力状态达到结构物的实际水平，这为分析加筋土结构的应变分布规律和破坏模式提供了直接观测手段。

介玉新等[16]采用离心试验对加筋和不加筋的黏土边坡进行了试验研究，发现不加筋的黏土边坡破坏面的形状基本为圆弧形，而加筋的黏土边坡在 100g 的荷载下停机时仍保持整体完整，仅有一些浅层裂缝，没有连贯破坏面。张嘎等[69]对粉质黏土的离心模型试验也表明，不加筋的纯土边坡发生深层破坏，而加筋土坡仅发生浅层局部破坏。可见，加筋土坡可能不像目前设计中采用的极限平衡法所假定的那样，产生连贯圆弧或平面滑动面。这与徐林荣等[70]的模型试验观测结果相一致，也印证了沈珠江的观点：土体中加入筋材后，土的应力场和位移场将发生改变，从而使土的破坏模式发生了根本性变化。在筋材具有足够的强度，不发生断裂或拔出等情况下，现行计算方法所假定的圆弧滑动是不可能发生的[71]。

Nova - Roessig[72]采用半径 9.1m 的离心机对坡度为 1：0.5 和直立的多组加筋土坡在地震作用下的特性进行了试验研究，结果发现，当筋材长度达到（0.7～0.9）H（H 为坡高）后，筋材长度不再对边坡的变形产生影响。试验还表明，按拟静力法设计的筋材长度余量较大，建议采用以变形作为控制标准的加筋土坡设计方法。

1.2.5 对土工格栅加筋机理的认识

研究表明[17-20]，土工格栅的加筋作用可归纳为以下三个方面：

1）侧限作用。土工格栅表面与土颗粒的摩擦作用、土颗粒对土工格栅横肋的被动阻抗作用和土工格栅的网眼与土颗粒形成的嵌锁（亦即咬合）作用能明显地限制土体在竖向荷载作用下的侧向膨胀，从而减小土体表面的竖直沉降，并使沉降趋向均匀。同时，土工格栅的网孔与土颗粒形成的嵌锁作用还能提高土工格栅的抗拔力,使土工格栅在土体中不易产生滑移。

2)张力膜作用。竖向发生变形后,土工格栅的水平方向抗拉能力得以发挥,并分担作用于土体表面的竖向荷载。

3)应力扩散作用。作用于土体表面的竖向荷载会在土体中引起附加应力,随着深度的增加,该附加应力水平方向的分布范围不断扩大,附加应力也随之减小。土工格栅加筋后,这种附加应力的扩散范围会有明显的增大,筋层下方竖向应力值得以减小,从而使土体表现出更高的承载能力和更低的压缩性。

不同情况下,上述三方面作用的主次不同,因此针对不同的工程情况和试验条件,不同的研究人员提出的加筋机理各有侧重,并不完全相同。包承纲[73]认为传统的加筋理论可归纳为以下几种:界面摩擦作用理论、约束增强作用理论(即准黏聚力原理)、张力膜理论、加筋垫层的应力扩散作用理论、加筋导致土体应力状态和位移场改变理论、剪切带理论。

可见,关于土工合成材料的加筋理论还没有统一的认识。以下几种新观点却为今后的研究指引了方向。

沈珠江[71]通过分析加筋软基上的路堤稳定性问题提出了加筋改变了土体应力场和位移场的观点。他认为土体中加入筋材后,土的应力场和位移场将发生改变,从而使土的破坏模式也发生了根本性变化。当筋材不发生断裂或拔出破坏时,圆弧滑动不可能发生,唯一可能的破坏形式是软土地基横向挤出,导致地基发生过大沉降。由于筋材改变了地基剪应力的方向,地基的承载力大幅度提高。

包承纲[73]则提出了"间接影响带"的观点。他认为,土中的加筋材料不仅会在土与筋材的接触面上产生直接加筋作用,而且会在接触面以外的一定范围内对土体产生一种间接加固作用,并称之为"间接影响带"。也就是说,由于筋材附近一定范围内的土会同时发生颗粒之间位置的调整或颗粒的破碎,使土的抗力(强度)增大。这种土体强度的增大与筋材表面的糙度和结构(如片状、带状和网眼状等)、土的粒径和性质以及所受的压力大小密切相关。岩土颗粒粒径越粗,筋材表面的糙度越高,外加压力越大,则这种影响的范围越大,间接加固作用也就越强。

根据沈珠江的上述观点[71],只要筋材和土本身的强度足够,并且筋材不被拔出,即可使得加筋土体自身的稳定性和承载能力达到极高的水平。

包承纲的"间接加筋带"理论[73]则告诉我们,采用合适的加筋材料,以足够小的加筋层间距加筋的粗粒土可以形成类似于复合材料的加筋土复合体;由这样的筋-土复合体填筑的边坡,其稳定性取决于该复合体的强度和刚度;如果复合体的强度和刚度足够,则边坡即使很高、很陡,也能保持其自身的稳定性。

上述推论已被近年来的一些试验研究证实。Adams 等的试验发现[74,75]，以较小层间距（30～40cm）加筋的土工合成材料加筋土体，由于筋-土界面作用突出，加筋层对土体的侧限作用显著，以致加筋土体的侧向变形很小。一些试验甚至表明，在填料为级配良好的粒料土，并充分压实的情况下，小间距土工合成材料加筋土体可以形成稳定的直立结构，不需要面板支撑，其高度可达数十米，甚至可做成倒锥形的支挡体[76]。胡幼常等[32,77-81]的一系列试验研究还发现，小间距加筋的粒料土回弹模量高（刚度大），强度大，而且韧性好，在无侧限抗压试验中，即使压缩应变达 60%（试样已严重压扁），仍然呈密实的整体，并未发生剪切破坏，承载能力仍呈上升趋势。这说明加筋土中的筋材和土体的变形完全协调，表现出了复合材料的力学性质。

许多加筋层间距大于 30～40cm 的传统加筋土挡墙，其加筋土体也会表现出明显的自稳特性[13]。某环城高速公路的一段台阶式三级加筋土挡墙，每级高 10.5m，台阶宽 5m，墙顶以上填土高度为 24m，钢筋混凝土预制面板。实测面板所受到的土压力很小，许多测点的实测值都接近于零[13]。铁道部第一设计院在某铁路线上设计的加筋土挡墙，在使用多年后发现挡墙面板许多已脱落，但挡墙内部还完好如初[13]。这说明，加筋土挡墙的面板主要在施工期起作用，运营一段时间后，其受力作用已不再明显，而主要起防雨水冲刷的作用。甘肃境内的土桥属加筋土挡墙，它可以历经数百年而不塌，而土桥是没有面板的[13]。这些都说明，加筋土挡墙在运营阶段若排水和坡面防加筋材料老化问题处理得当，可以不用面板。三峡库区移民工程中有一高达 57m 的多级加筋土挡墙[1]，筋材为复合 CAT 钢塑拉筋带，铺设层间距为 50cm，用含石量 30%～40% 的粗粒土填筑，现浇混凝土面板。该挡墙竣工后 5 个月曾出现局部垮塌。经探坑检查发现，挡墙的面板大面积下挫失稳，靠近面板的拉筋带普遍已经断裂，但值得注意的是，加筋土体本身却是稳定的，未见失稳迹象[1]，这充分说明一定条件下的加筋土体具有足够的自稳性。

包承纲[73]的"间接影响带"理论高度概括了加筋的作用机理，对今后加筋理论的研究具有重要的指导意义，值得进一步深入研究，以期在该理论框架下探寻可以考虑筋-土相互作用机理的加筋土结构分析计算方法。

1.2.6 加筋土坡的设计方法概况

加筋土坡稳定性分析包括加筋土体内部稳定性（保证筋材不拉断、不拔出）和外部稳定性分析。外部稳定性分析已取得较普遍的共识，即将加筋土体视为一刚性挡土墙，按一般重力式挡土墙的稳定性要求和计算方法分别验算抗倾覆、基底抗滑、深层抗滑等方面的稳定性即可。而内部稳定性分析方法却复杂得多，主要原因是涉及加筋机理问题，而目前人们对加筋机理的认识还不够深入，虽然已提出了不少加筋土内部稳定性分析的具体方法，但还不够完善，更加合理的分析方法仍处于探索阶段。

加筋土内部稳定性分析方法大致有以下几种：极限平衡法、塑性力学上限解法、数值极限分析法（如有限元极限分析法）[82]。

加筋土的极限平衡法是传统极限平衡法的自然延伸，即在未加筋土坡的传统条分法中考虑筋材拉力的作用。基本思路如下：对于假定的滑动面，将滑动土体分为若干竖直土条，假想条底处于极限平衡状态（即满足安全系数 F_s 时的极限平衡条件[83]），在对土条侧面的作用力作必要假定后，以每个土条和整个滑动土体的静力平衡条件求出假定滑动面的安全系数，经对最危险滑动面的搜索，找出最小安全系数。该方法实质上是将筋材和土的作用分开考虑的，没有从本质上考虑筋-土的相互作用，计算时与传统的条分法相同，需要事先假定滑动面形状和位置。由于纯土坡的极限平衡条分法在理论上可看成塑性理论的下限解[84]，其结果偏于安全，可靠性经受了几十年工程实践的检验，已趋于成熟[82,84]。而且这种方法概念清晰、计算简单，也积累了较多的经验，所以目前各国规范普遍推荐采用极限平衡法分析加筋土坡的稳定性[3,85-87]。

塑性力学上限解法是将塑性力学极限分析的上限定理用于分析加筋土坡的稳定性，它建立在位移协调条件的基础上，将滑动土体分为若干具有倾斜界面的条块，假定沿滑面和条块间界面均达到极限平衡，通过流动法则获得条块的协调位移场（速度场）后，通过功能平衡方程获得安全系数[88]。根据上限解的原理，需要假定所有可能的滑面和条块倾斜面的模式，从中找到相应最小安全系数的临界滑移模式[88]。这种方法有严格的理论基础和物理意义，值得进一步深入研究。但这种方法计算比较复杂[82]，工程应用还很少，需要不断积累工程应用经验。

郑颖人等[82]在 Zienkiewicz（1975）提出的有限元强度折减法与超载法的基础上提出了有限元极限分析法。该方法是在弹塑性有限元模型中，降低土的强度或者增大荷载，使边坡达到极限状态，求得边坡的稳定安全系数。在边坡稳定分析中，结合边坡稳定安全系数的定义，有限元极限分析法可以分为有限元强度折减法与有限元超载法。其中，有限元强度折减法与传统极限平衡法的安全系数定义是一致的，对未加筋土坡，所得结果与传统极限平衡法也是一致的[82]。如果将其用来分析加筋土坡，则通过筋-土界面模型，可以更好地考虑筋-土的相互作用；同时，由于可以计算出土体和筋材的变形，能将筋材实际发挥的拉力与筋材实际产生的应变联系起来[89]，是很有发展前途的加筋土坡稳定分析方法[82,89]。但这个方法还需寻找合理有效的破坏判据[82,89]，也需得到更多工程实践的检验。

综上所述，工程设计中目前实用的加筋土坡设计方法仍是极限平衡法。为了推广加筋粗粒土坡在公路工程中的应用，确保结构安全是应遵循的基本原则。此外，为了便于一般技术人员掌握，还应尽量使设计计算方法简单明了。所以，本书拟在遵循现行公路规范的基础上，针对新疆的具体情况研究简单实用的土工格栅加筋粗粒土坡设计方法，同时将在试验观测的基础上研究能较好体现加筋机理的设计计算方法。

1.3　主要研究内容和研究成果

1.3.1　主要研究内容

（1）土工格栅加筋粗粒土路堤在新疆山区公路的适用性

根据现有研究成果，结合新疆地区的地理、气候、地形、地质、水文等自然条件，对土工格栅加筋路堤在新疆山区公路中的适用性进行了分析。同时，考虑到新疆公路的主要填料为粗粒土，为了研究土工格栅加筋粗粒土的加筋效果，开展了一系列的加筋粗粒土无侧限抗压试验，对影响加筋效果的主要因素和影响规律进行了系统性的研究。此外，采用依托工程的实际粗粒土填料，在中国科学院武汉岩土力学研究所完成了土工格栅加筋粗粒土的大三轴试验，对加筋效果做了进一步的分析和验证。

（2）适合于新疆山区的土工格栅加筋粗粒土路堤结构形式

结合新疆山区的气候、水文、地形、地质、地震、自然植被等客观条件，研究了合适的土工格栅加筋粗粒土路堤边坡坡率、筋材布置的一般原则等。特别针对新疆许多山区不适宜植物生长的客观情况，研究了与之相适应的边坡防护方案。

（3）新疆粗粒土的强度指标试验

在加筋路堤设计中，路堤填料的强度指标是必须掌握的基本参数。为此，选取有代表性的新疆粗粒土，对它们的抗剪强度指标采用大三轴试验进行测定，为新疆粗粒土强度指标的取值提供了可靠资料。

（4）土工格栅与粗粒土界面特性研究

采用单向土工格栅和三种典型的新疆粗粒土，利用专门设计的拉拔仪对筋-土界面参数进行了测定，并就界面特性的主要影响因素和影响规律展开了深入研究，分析了界面强度与界面法向压力、土的含水率、土的压实度等因素之间的关系，为指导设计和施工提供了理论依据。

采用上述拉拔仪对加筋影响带进行了试验观测，得到了影响带厚度计算的经验公式，提出了加筋边坡稳定性分析的"影响带法"。

（5）土工格栅施工损伤试验

对适合于新疆路堤加筋的土工格栅，在现场完成了施工损伤试验，获取了施工损伤数据，为土工格栅设计抗拉强度的合理取值提供依据。

（6）土工格栅加筋粗粒土的离心模型试验

对土工格栅加筋粗粒土路堤在长江科学院完成了离心模型试验，研究了加筋粗粒土路堤在现场应力水平下土工格栅内部的应变分布特征和加筋粗粒土坡的可能破坏模式，为理论分析和设计计算提供参考。

（7）土工格栅加筋粗粒土边坡设计计算方法

根据上述关于新疆粗粒土大三轴试验和单向土工格栅在新疆粗粒土中的拉拔试验结果，基于现有规范中的极限平衡法和加筋土的准聚力原理，经大量分析计算，提出了土工格栅加筋粗粒土坡安全系数的简化计算方法，以便于在工程中推广应用。

（8）现场试验

为了检验设计方法的可靠性和土工格栅加筋粗粒土路堤的实际应用效果，评价加筋粗粒土路堤的安全可靠性、经济实用性，探索施工工艺和质量控制方法，在依托工程上施工了两段土工格栅加筋粗粒土路堤，埋设了土压力和土工格栅应变观测元件，建立了远程自动观测站。通过试验路段的施工和观测，验证了加筋粗粒土路堤的安全性，总结了可行的施工工艺和有效的质量控制方法。同时，记录了大量实测数据，并对试验数据进行了全面的分析，为评价和改进现有设计方法提供了宝贵的资料。

1.3.2 主要研究成果

本书主要研究成果如下：

1）提出了土工格栅加筋粗粒土路堤结构方案。

2）采用大三轴试验测得了典型新疆粗粒土的抗剪强度参数。

3）采用现场试验测得了 HDPE 单向土工格栅在典型新疆粗粒土中的施工损伤系数。

4）测定了单向土工格栅与三种典型新疆砾石土的界面强度参数，分析了界面法向压力、土的含水率和压实度对界面强度的影响规律。

5）完成了土工格栅加筋粗粒土路堤的离心模型试验，为研究加筋粗粒土路堤内土工格栅的应力应变分布规律和加筋粗粒土坡的破坏模式提供了试验依据。

6）对土工格栅加筋粗粒土的加筋影响带进行了试验观测，提出了加筋粗粒土坡稳定性分析的影响带法。

7）提出了土工格栅加筋粗粒土坡的安全系数简化计算方法——均质土坡法。

第 2 章　典型新疆粗粒土的物理力学性质和土工格栅类型的选择

2.1　新疆粗粒土的基本物理力学性质

2.1.1　典型新疆粗粒土的选取

我国新疆地区广泛分布着粗粒土[90,91]，通过现场调查发现主要有三种类型。

1）角砾土：多为冰川、泥石流或山体岩石风化形成，所含砾石虽有棱角，但并不尖锐，边角有不同程度的磨圆。最大粒径多在 60mm 左右，砾组（2～60mm 的颗粒）含量一般在 60%以上，细粒（小于 0.075mm 的颗粒）含量一般不超过 5%。

2）圆砾土：为冲积而成的砂砾石层，所含砾石多为亚圆形。最大粒径多在 60mm 左右，砾组含量一般在 70%以上，细粒含量一般不超过 2%。

3）含细粒土砾：多为洪积形成，这种土的颗粒比前两种细，一般最大粒径不超过 40mm，2～40mm 颗粒含量一般在 50%以上，细粒含量一般在 10%以下。

我国《公路土工合成材料应用技术规范》（JTG/T D32—2012）规定，加筋路堤的填料应满足《公路路基设计规范》（JTG D30—2015）的要求，不应对筋材产生腐蚀作用，应易于压实，能与土工合成材料产生良好的摩擦与咬合作用。美国联邦公路管理局（Federal Highway Administration，FHWA）的《加筋土挡墙和加筋土坡设计与施工指南》[3]也规定，所有可用于路基填筑的土料都可作为加筋土坡的填料。以《公路土工合成材料应用技术规范》（JTG/T D32—2012）的标准来衡量，新疆粗粒土是非常理想的加筋路堤填料。

基于新疆交通规划勘察设计研究院多年积累的工程实践经验，在新疆的不同地区共选择了三条在建公路的路基用土作为典型土料，用于试验研究。它们分别代表如上所述的角砾土、圆砾土和含细粒土砾［按现行《公路土工试验规程》（JTG E40—2007）[92]定名，详见下文］，为了描述方便，分别命名为 1#、2# 和 3# 土，取样地点如下。

1# 土（角砾土）：取自新疆克州阿克陶县 G314 线（中巴公路国内段）奥依

塔克镇—布伦口段 K1569＋250 右侧 20m 处取土场，为泥石流形成的堆积体，颗粒母岩多为花岗岩类，颜色为青灰～灰绿色，土中砾石多为非尖锐状棱角颗粒，一般颗粒最大粒径为 60mm 左右，如图 2-1 所示。

图 2-1 1#土

2#土（圆砾土）：取自新疆塔城地区沙湾县境内 S101 线沙湾段路基取土场，位于金沟河中桥下游 2km 处，为冲积、沉积而成的砂砾石层，是新疆山区公路常见的路基填料。土颗粒多为灰色，亚圆状，分选较好，母岩以砂岩为主，充填物为中、粗砂，强度较高，一般颗粒最大粒径为 60mm 左右，如图 2-2所示。

图 2-2 2#土

3#土（含细粒土砾）：取自新疆哈密地区的 G7 京新高速 K4＋000 左侧 1.2km 处取土场。该取土场位于山前冲积平原内，地处梧桐窝子泉山间盆地、哈尔里克山低山区及山前微丘区、伊吾—下马崖山间盆地地带，地貌为残积～坡积低山丘陵区、洪积平原区，颜色主要为土黄～灰黄色，母岩以砂岩、硅质岩为主。土中砾石多为非尖锐状棱角颗粒，一般最大粒径为 40mm 左右，如图 2-3所示。

图 2-3   3# 土

2.1.2   典型新疆粗粒土的颗粒级配

表 2-1 是上述三种典型粗粒土的颗粒分析试验结果，图 2-4 是它们的颗粒级配曲线。按《公路土工试验规程》（JTG E40—2007）中土的分类方法定名，1# 土和 2# 土分别为级配不良和级配良好的砾，3# 土为含细粒土砾。

表 2-1   典型新疆粗粒土各筛孔通过率（％）

土样编号	孔径（mm）									
	60	40	20	10	5	2	1	0.5	0.25	0.075
1#	100	85.21	64.63	48.63	39.76	31.96	29.01	22.64	16.18	3.46
2#	100	88.90	65.91	48.63	35.57	23.27	18.83	11.23	4.73	0.43
3#		100	97.19	90.76	74.88	46.14	39.5	31.40	24.83	7.60

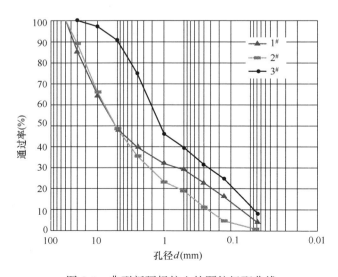

图 2-4   典型新疆粗粒土的颗粒级配曲线

2.1.3　典型新疆粗粒土的击实特性

对三种典型新疆粗粒土采用重型击实试验，得到它们的最佳含水率 w_{op} 和最大干密度 ρ_{dmax}，见表 2-2。

表 2-2　典型新疆粗粒土的击实试验成果

土样编号	ρ_{dmax}（g/cm³）	w_{op}（%）
1#	2.25	5.6
2#	2.28	4.6
3#	2.23	6.4

2.1.4　典型新疆粗粒土的抗剪强度指标

根据《公路路基设计规范》（JTG D30—2015）3.6.8 条的规定，路基填土强度参数应以填筑含水率和填筑密度制作的试样测定；当难以获得填筑含水率和填筑密度时，或进行初步稳定分析时，密度采用要求达到的密度，含水率采用击实曲线上要求密度对应的较大含水率（一般比最佳含水率大 1%～2%）。对非正常工况 I（路基处于暴雨或连续降雨状态下的工况）时雨水入渗深度内土的强度指标，应待上述试样饱和后再测定。当路基填料为粗粒土或填石料时，应用大型三轴试验仪或大型直剪仪进行试验。

而用于测定路堤土强度指标的剪切试验方法，必须能尽量模拟实际土体的排水和受荷条件。由于新疆粗粒土的细粒（小于 0.075mm 的土颗粒）含量少（在10% 以下），属于自由排水粗粒土（细粒含量在 15% 以下的粗粒土[92]），并且其很容易压实，压实后可近似等同于在自重作用下固结完成。所以，对于正常工况，可根据《公路路基设计规范》（JTG D30—2015）3.6.8 条的建议，采用按上述方法制作的非饱和试样，做直剪固结快剪或三轴固结不排水剪试验，测定其强度指标；而对于非正常工况 I（暴雨工况），则应将按上述方法制作的试样事先进行饱和，再对饱和试样做直剪慢剪或三轴固结排水剪，测定其强度指标，但试验时可采用与快剪或不排水剪相当的剪切速度，因为粗粒土透水性强，水很容易排出[23,93]。

正常工况下，路堤为非饱和土，因为非饱和土中的气体容易压缩，当边坡发生剪切破坏时，孔隙中的气和水实际上不易排出，所以，采用非饱和试样进行固结快剪或固结不排水剪来测定土的强度指标可行。

对前述三种典型的新疆粗粒土按压实度 92%（三级公路下路堤的压实标准）

进行了施工含水率（按最佳含率＋2％估计）和饱和试样的大三轴试验（试样直径 30cm，高 60cm），分别进行了固结不排水（CU）试验和固结排水（CD）试验，试验结果见表 2-3。

表 2-3　典型新疆粗粒土大三轴剪切试验成果

土样编号	土名	土料来源	最佳含水率（％）	最大干密度（g/cm³）	试样含水率（％）	试样干密度（g/cm³）	试验方法	黏聚力 c（kPa）	内摩擦角 φ（°）
1#	级配不良砾	G314 奥布段	5.6	2.25	7.6	2.07	CU	17.5	41.5
2#	级配良好砾	S101 沙湾段	4.6	2.28	6.6	2.10	CU	6.3	43.4
			4.6	2.28	饱和	2.10	CD	0.0	43.4
3#	含细粒土砾	G7 梧伊段	6.4	2.23	饱和	2.05	CD	12.0	41.7

在做完 2# 土的非饱和及饱和试样的三轴试验后发现，饱和土的内摩擦角没有变化，仅黏聚力由非饱和土的 6.3kPa 降为 0，相差也不大。且根据非饱和土力学理论可知[94]，饱和土由于基质吸力的消失，测得的强度指标理论上会低于非饱和土，所以，采用饱和土的强度指标来评价正常工况土坡（为非饱和状态）的稳定性是略偏于保守的。基于此，对于 3# 土仅选择采用饱和土样做 CD（固结排水剪）试验，而没有做非饱和土试验。反过来，如果采用非饱和砾石土的强度指标来评价暴雨工况（约 1m 厚的坡面土体达饱和状态[95]）也是可行的，因为对新疆砾石土而言，饱和与非饱和状态的抗剪强度基本没有变化（设计中通常忽略黏聚力 c），也就是说，含水率对新疆砾石土的强度几乎没有影响，所以 1# 土仅做了非饱和土的 CU 试验。

由试验结果可知，除饱和的 S101 土样黏聚力 $c＝0$ 外，其他的土样 $c＞0$，这是颗粒咬合作用的体现，也是含棱角状颗粒的 3# 土即使在饱和状态时黏聚力也不为零（$c＝12$kPa）的原因。三种土的内摩擦角 φ 都在 41°以上。从 2# 土的非饱和土样和饱和土样的结果看，两种情况下的 φ 都等于 43.4°，这一方面说明含水率对 φ 基本没有影响，另一方面说明级配良好的粗粒土 φ 值很大。

2.2　土工格栅类型的选择

综合考虑新疆地区的使用环境，推荐采用高密度聚乙烯（HDPE）单向拉伸塑料土工格栅作为加筋路堤的主筋，采用聚丙烯（PP）双向拉伸塑料格栅作为辅筋，因为这两种材料都具有较强的化学稳定性、良好的耐酸碱性能[1,86,96]、极好的耐低温特性[1,86,96,97]，这些特性使其非常适合新疆地区的使用环境。采用 HDPE 单向土工格栅作为主筋还基于以下理由：

1) 路堤中筋材主要为单向受力（筋材沿路基横向受拉），单向土工格栅纵向抗拉强度高，正好符合此受力特点。

2) 单向土工格栅在加筋土结构（加筋土挡墙和加筋土坡）中应用最广，应用历史长，有大量的成功案例，经受了工程实践的检验，积累了较为丰富的工程经验[1,56,96]。

3) HDPE 单向土工格栅有良好的韧性和延展性，施工损伤相对较小[3,86]。

4) HDPE 单向土工格栅的纵肋间距小，所以网孔宽度小，使其在土中具有较高的网格纵向抗拉刚度，因而有较高的抗拉拔阻力（与宽网孔的双向土工格栅相比较)[52]。

2.3　小　结

1) 新疆地区的土工格栅加筋粗粒土路堤建议采用 HDPE 单向拉伸土工格栅作为主加筋层材料，采用 PP 双向土工格栅作为辅助加筋层材料。

2) 新疆广泛分布的砾石土，其最大粒径一般为 60mm 左右，细粒含量一般不超过 10%，为自由排水式粗粒土，且级配连续，最佳含水率为 4.5%～6.5%，最大干密度一般不低于 $2.20\text{g}/\text{cm}^3$，内摩擦角一般不低于 41°，是良好的土工格栅加筋粗粒土路堤填料。

第 3 章　土工格栅加筋粗粒土的力学特性

3.1　概　述

土工加筋技术在工程中的应用正逐渐推广，但目前对加筋机理的认识还很有限，这是因为加筋土的力学行为受到土体、筋材、筋-土界面等多重复杂特性的共同影响，对加筋效果及其影响因素试图在理论上给出准确的定量描述一时还难以做到。影响加筋土加筋效果的因素众多，筋材与填料相互作用的机理复杂，它既与填料的工程特性（填料的抗剪强度、相对密度、压实程度、级配、上覆压力及土的膨胀特性）有关，也与筋材类别（土工格栅、土工布、土工网、土工格室等）有关；既与筋材的特性（几何形状、尺寸大小、刚度大小、受力方向及变形特性等）有关，也与加筋方式（布筋方向、筋层间距、每层筋材的长度等）有关。对于这样复杂的问题，最有效的研究手段就是试验，通过试验发现和总结加筋土的基本特性，从而得出有价值的结论来指导工程实践。但由于实际工程中加筋土结构的尺寸巨大，对实体工程或与实体工程尺寸相当的大比例模型进行破坏性试验基本是不可能的，所以主要的试验对象还是室内小尺寸模型或试件。由于存在尺寸效应等问题，室内模型试验的结果不能用于对实体工程的定量描述，但可以反映定性的规律，这些定性规律对理论研究和指导工程实践都有重要的意义。因此，对加筋粗粒土进行了室内无侧限抗压和大三轴试验，研究土工格栅加筋粗粒土的基本力学性质。其中，无侧限抗压试验主要研究加筋粗粒土的抗压特性与土粒级配、密实度、筋材种类、筋层间距等因素之间的关系，大三轴试验主要研究加筋砾石土的剪切特性及其与加筋层数的关系，以期为加筋粗粒土坡在工程中的应用提供指导。

3.2　土工格栅加筋粗粒土无侧限抗压特性

考虑到新疆山区的路基填料主要是粗粒土，按其中圆砾和角砾占比的多少又可分为圆砾土和角砾土两类，所以分别针对这两类土进行试验：以取自新疆的天然圆砾土（即第 2 章中所述的 $2^\#$ 土）为原料配制的砂砾石为对象，研究圆形土颗粒为主的粗粒土加筋后的无侧限抗压特性[98]；以机械破碎的砾石和细粒土配制的粗粒土为对象，研究棱角状土颗粒为主的粗粒土加筋后的无侧限抗压特性[99]。

3.2.1　土工格栅加筋砂砾石无侧限抗压特性

1. 试验材料

（1）土料

用于无侧限抗压试验的土料源自 2#土（圆砾土），取自新疆塔城地区沙湾县境内 S101 线沙湾段路基取土场（详见第 2 章），土颗粒最大粒径为 60mm 左右。考虑到无侧限抗压试样的直径为 150mm，如果含有较粗的颗粒，将会影响试样的均匀性和试验结果的一致性，故将上述土料过筛，去除 13.2mm 以上的粗颗粒。为配制不同级配的用土，在过筛后的土中掺入不同比例的由 2#土筛分出来的砂粒。如此，共配制了三种不同级配的砂砾土，分别记为 A、B、C，它们的具体级配见表 3-1，对应的级配曲线如图 3-1 所示。经击实试验测得三种土的最佳含水率和最大干密度见表 3-2。

表 3-1　砂砾土的级配

筛孔尺寸（mm）	通过率（%）		
	A	B	C
13.2	100	100	100
9.5	84.61	95.17	96.34
4.75	64.76	71.02	80.65
2.36	23.81	49.06	63.72
1.18	11.90	38.84	50.62
0.6	0	0	0

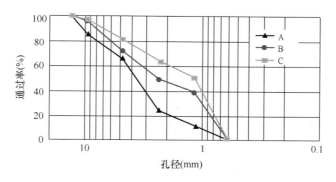

图 3-1　砂砾土级配曲线

表 3-2　砂砾土的击实试验成果

土样	最大干密度（g/cm³）	最佳含水率（%）
A	2.041	6.0
B	2.050	6.2
C	2.035	6.2

（2）筋材

为了比较不同网孔结构的土工格栅对加筋效果的影响，分别采用了三向土工格栅和双向土工格栅作为加筋材料。裁剪好的土工格栅试样如图 3-2 所示。

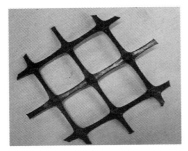

(a)双向土工格栅试样　　　　　　　(b)三向土工格栅试样

图 3-2　土工格栅试样

其中，双向土工格栅为聚丙烯材质，型号为 TGSG15 - 15，网孔净尺寸为 37mm×40mm，纵肋宽 4mm，横肋宽 5mm，厚 2.4mm，节点厚 4.8mm。经拉伸试验测得其抗拉强度和抗拉刚度指标如表 3-3 所示。三向土工格栅的物理、力学指标如表 3-4 所示。

表 3-3　双向土工格栅的力学指标

破坏拉力（kN/m）		破坏应变（%）		2%应变拉力（kN/m）		5%应变拉力（kN/m）	
纵向	横向	纵向	横向	纵向	横向	纵向	横向
30.7	27.0	27.6	19.8	5.7	6.7	11.0	11.7

注：标称强度 15kN/m 对应的标称应变为：纵向 8.0%，横向 7.6%。

表 3-4　三向土工格栅的力学指标

肋条长度（1 个网孔）(mm)		肋条宽度(mm)		肋条厚度(mm)		节点尺寸(mm)		2%应变拉力(kN/m)	
X 向	斜向	X 向	斜向	X 向	斜向	直径	厚度	X 向	Y 向
36	36	1.7	1.5	1.7	2.1	10	3.3	6.4	6.2

注：X 向为横肋方向，Y 向为垂直于 X 的方向，参见图 3-2（b）。

2. 试验仪器和设备

主要试验仪器和设备有路强仪、自制试模、乳胶膜、金属垫块。自制试模采用内径 152mm、高 189mm 的 PVC 半圆管，如图 3-3（a）所示。乳胶膜规格为直径 150mm，高 160mm，如图 3-3（b）所示；金属垫块直径 150mm，厚 39mm。

(a) 自制试模　　　　　　　　　　　　　　　　　(b) 乳胶膜

图 3-3　试模和乳胶膜

3. 试验方案

为了研究土的颗粒级配、压实度、含水率、土工格栅网孔结构、加筋层间距等对加筋效果的影响，对三种级配的土料按压实度 86％、89％、92％，含水率 2％、4％、6％（注：没有做更高的含水率，是因为土的黏性很小，不能保持水分，试验过程中水会从试样上部向下部迁移，积聚在试样底部，导致试样的含水率上下不匀，影响试验结果），加筋层数 0～5 层，加筋材料为三向或双向土工格栅，分别拟定了如图 3-4 所示的试验组合方案[98]。

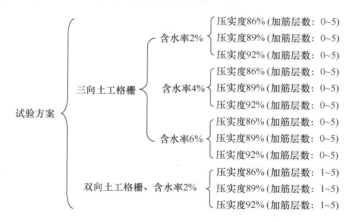

图 3-4　试验组合方案

筋材的布置方案如图 3-5 所示，图中 N 为加筋层数，$N=0$ 表示不加筋。

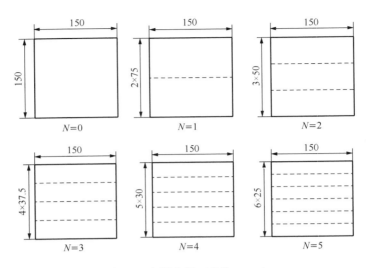

图 3-5 布筋方案（单位：mm）

4. 试样的制备

按下述步骤制备试样：

1）将土料过筛，筛除 13.2mm 以上的粗颗粒。

2）采用烘干法测得过筛后土的天然含水率。

3）按照含水率为 2%、4%、6% 的要求分别配备好土料，以备制作无侧限抗压试件之用。

4）按照预定的压实度（分别为 86%、89% 和 92%）计算出一个试样所需土料的总质量。

5）为了保证试样的均匀性，在填土前需要计算出每层填土的质量和相应的填土高度，采用体积控制法分 3～6 层填筑，具体分层层数以保证每层土能较容易地达到预定压实度，并考虑布筋方案而确定。

6）试样的装填按以下流程进行：①将金属垫块放在路强仪升降台的中央；②将乳胶膜套在垫块上，并用橡皮筋箍紧；③将两半塑料试模合拢包在垫块外面，用橡皮筋将试模箍紧，使其合并为稳固的圆筒；④将乳胶膜从试模的上端拉出，适度绷紧，以使其紧贴于试模内壁，并将高出试模的部分外翻于试模外壁，用橡皮筋箍紧，使之固定。

7）按前述体积控制法分层填土于试模内，达到预定高度时放置加筋材料，如此重复，直至称取的土料填完，试样达到 150mm 的高度为止。

8）小心拆除试模。此时的试样如图 3-6（a）所示。

5. 试验操作步骤

1）调整试样下的底座，使试样底面保持水平。

2）将路强仪挡位拨到上升挡，启动路强仪，使试样上升。当试样接近压力板时应调到慢挡，使试样缓慢上升，并观察显示屏上的读数，一有读数就停止上升，并将读数归零。

3）启动路强仪，升降台以慢挡的速度（1.2mm/min）缓慢上升，试样受压，直至试样破坏或压应变达到 30％时停止试验。试验终止时的试样如图 3-6（b）所示。试验过程中记录压力-位移曲线，据此可得 q-ε 曲线（即压应力-轴向压应变曲线）。

(a)试验前　　　　　　　(b)试验后

图 3-6　砂砾石无侧限抗压试样

6. 试验结果及分析

（1）压实度对无侧限抗压强度的影响

图 3-7 是采用 A 土、含水率为 4％时三向土工格栅加筋土样的 q-ε 曲线，图中 K 为压实度，N 为加筋层数。

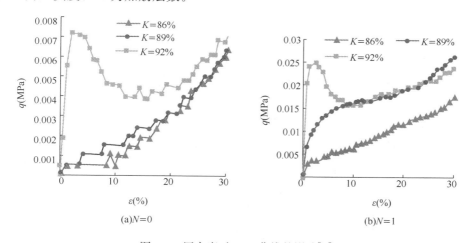

(a)N=0　　　　　　　　　　　　　　(b)N=1

图 3-7　压实度对 q-ε 曲线的影响[98]

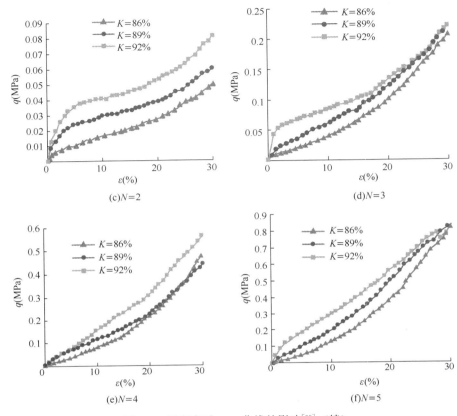

图 3-7　压实度对 q-ε 曲线的影响[98]（续）

由图 3-7（a，b）可以看出，不加土工格栅和仅加一层土工格栅时，较高压实度（$K=92\%$）试样的 q-ε 曲线呈应变软化型，其他所有三向土工格栅加筋土样的 q-ε 曲线都呈现出应变硬化特征；在应变 $\varepsilon>15\%\sim20\%$ 后，这种硬化特征更明显，而且压实度越高、加筋层数越多，硬化特征越显著。这说明压实度越高、加筋层数越多的加筋粗粒土承受大变形的能力越强，在大变形下能表现出更高的抗压强度而不破坏，因而具有优良的延展性（即塑性），由此可以断定其有良好的抗震性能。

需要指出的是，尽管 $N=0$，1，$K=86\%$，89% 以及 $N=2$，$K=86\%$，89% 和 92% 几种情况下的 q-ε 曲线呈应变硬化型，但这几种情况下试样的轴向压力 q 都很小，即使 ε 达到 30%，q 值也仅为 $8\sim81\mathrm{kPa}$［图 3-7（a～c）］。

图 3-8（a～c）所示是 A 土、含水率为 4% 的三向土工格栅加筋土样在不同轴向应变时各土样的 q-K 曲线，它们反映了压实度 K 对含不同土工格栅层数试样的无侧限抗压强度 q 的影响。

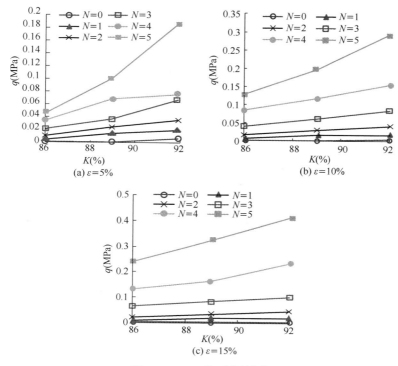

图 3-8　q-K 关系曲线[98]

由图 3-8（a）可以看出，当应变较小（ε＝5％）时，随压实度 K 的提高，加筋 1～4 层的试样无侧限抗压强度有缓慢的增长，唯有加筋 5 层的试样，其增长速率明显大于前者，特别是当 K 从 89％增大到 92％时。这说明，压实度较大时，提高土工格栅加筋密度（试验的试样中增加土工格栅层数，工程实体中减小土工格栅层间距）至某一较高值时，能显著地提升加筋效果。

比较图 3-8（b）和图 3-8（c）中不同加筋层数的 q-K 曲线可以发现如下规律：一是随加筋层数的增加，q-K 曲线的斜率逐渐增大，这说明压实度 K 对无侧限抗压强度 q 的影响逐渐增大。也就是说，加筋层数较多时，提高压实度将获得更好的加筋效果。二是加筋层数较多（N＝4，5）时（即加筋层间距较小时），压实度 K＝89％～92％的区段内，q-K 曲线的斜率比 K＝86％～89％区段内的大，这说明当加筋层间距较小时，适宜于提高土的压实标准，这样能获得更显著的加筋效果。因此，建议在工程实际中应尽量提高土工格栅加筋粗粒土的压实度。

（2）加筋层数对无侧限抗压强度的影响

图 3-9（a～c）是 A 土、含水率为 4％时三向土工格栅加筋土样在三种压实度下含不同土工格栅层数试样的 q-ε 曲线。从这些曲线可以看出，不加筋或加

筋层数少（1层或2层）时，试样的无侧限抗压强度很小，q 在 ε 很小时就基本达到稳定值。而当加筋层数达到3层及以上时，q 随 ε 增大而不断增加，且加筋层数越多，增加的幅度越大。

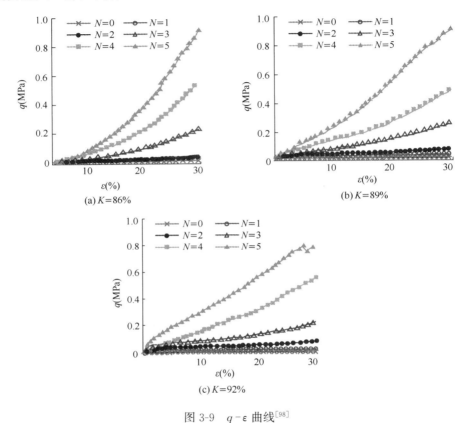

图 3-9　q-ε 曲线[98]

图 3-10 反映了加筋层数对不同压实度下试样无侧限抗压强度的影响。从图中可以看出，在相同压实度下，随着加筋层数 N 的增大，相同应变对应的无侧限抗压强度随之增大，增大的幅度随 N 的增大而提高。当 $N>3$ 时，压实度越高，q-N 曲线斜率越大，这说明压实度越高时增加土工格栅层数对提高无侧限抗压强度的作用越显著。

（3）含水率对无侧限抗压强度的影响

为了分析含水率对格栅加筋粗粒土无侧限抗压强度的影响，采用 A 土和三向格栅，对格栅加筋层数 $N=0\sim5$，土的压实度分别为 86%、89% 和 92%，土的含水率分别为 2%、4% 和 6% 组合出的多种工况，完成了一系列无侧限抗压试验。图 3-11～图 3-13 分别给出了三种压实度下格栅层数为 3 层和 5 层的 q-ε 曲

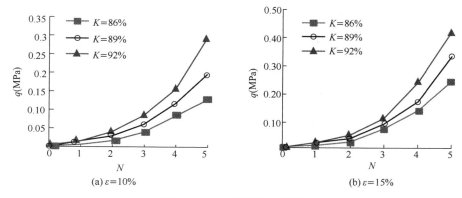

(a) $\varepsilon=10\%$　　(b) $\varepsilon=15\%$

图 3-10　q-N 关系曲线[98]

线。从图中可以看出，在压实度和格栅层数相同的情况下，不同含水率的 q-ε 曲线虽然不完全重合，但相差并不大；同时，相同应变 ε 对应的无侧限抗压强度 q 的大小与土的含水率之间并没有固定的规律，并不是含水率小时 q 就一定大。这说明含水率对格栅加筋粗粒土的强度影响很小。

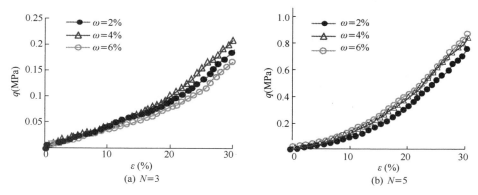

(a) $N=3$　　(b) $N=5$

图 3-11　$K=86\%$时不同含水率的 q-ε 曲线[98]

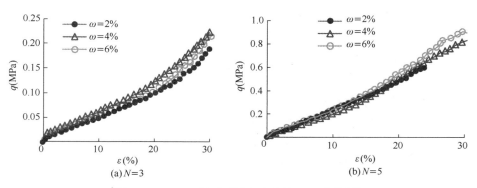

(a) $N=3$　　(b) $N=5$

图 3-12　$K=89\%$时不同含水率的 q-ε 曲线[98]

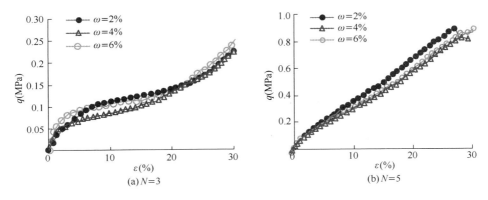

图 3-13 $K=92\%$ 时不同含水率的 q-ε 曲线[98]

（4）土颗粒级配对无侧限抗压强度的影响

为了分析土颗粒级配对加筋效果的影响，采用三向土工格栅在 2％含水率下对压实度分别为 86％、89％和 92％，加筋层数分别为 0～5 层的试样完成了一系列无侧限抗压试验。图 3-14～图 3-16 所示为 $N=3$，5 层的试验结果，可以看出，在应变较小时，土颗粒级配对加筋土的无侧限抗压强度影响较小，而在应变较大时则呈现出粗粒含量越高的土无侧限抗压强度越高的规律。

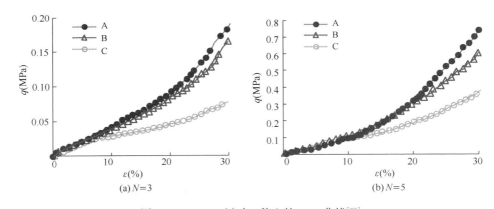

图 3-14 $K=86\%$ 时三种土的 q-ε 曲线[98]

（5）土工格栅结构对无侧限抗压强度的影响

为了研究土工格栅的网孔结构对加筋粗粒土抗压特性的影响，对含不同加筋层数的双向土工格栅和三向土工格栅的 A 土样进行了无侧限抗压对比试验，所有试样的含水率均为 2％，土的压实度分别为 86％、89％和 92％。图 3-17 所示是几种典型情况下的试验结果，可见在本次试验条件下两种土工格栅的加筋效果没有明显区别。

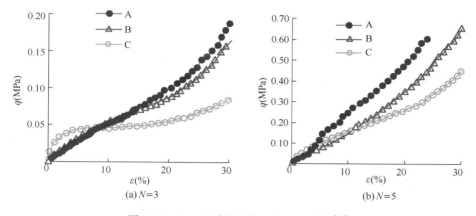

图 3-15 $K=89\%$ 时三种土的 q-ε 曲线[98]

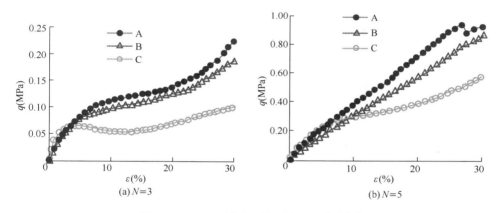

图 3-16 $K=92\%$ 时三种土的 q-ε 曲线[98]

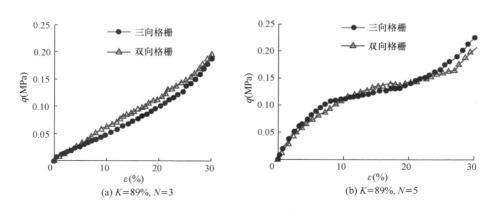

图 3-17 双向和三向土工格栅加筋土的 q-ε 曲线[98]

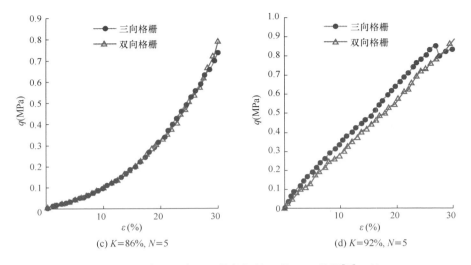

图 3-17 双向和三向土工格栅加筋土的 q-ε 曲线[98]（续）

需要说明的是，由于很难找到纵、横方向抗拉特性完全对等的双向土工格栅和三向土工格栅，所以本次试验中采用的两种土工格栅的抗拉特性并不相同。因此，上述试验结果是两种具有不同抗拉特性和不同网眼结构的土工格栅在加筋效果方面的综合反映，并不仅仅体现土工格栅结构的差别所造成的影响。

3.2.2 土工格栅加筋角砾土无侧限抗压特性

1. 试验材料

（1）土料

为了研究土工格栅加筋角砾土的抗压特性及其主要影响因素，又为了试样能尽量模拟路堤的实际压实度，试验所用土料采用粒径小于 9.5mm 的机械破碎砾石与粒径小于 0.075mm 的黏土混合而成，破碎砾石与黏土的质量比为 4∶1。按《公路土工试验规程》（JTG E40—2007），本试验所配的土料属于黏土质砾，这里简称为角砾土。该角砾土以角砾形成土体骨架，以使其能近似反映新疆角砾土的基本性能；掺入的黏土填充于骨架之间的孔隙中，使土体具有一定的黏性，便于制作成型后可以自立的试样。如果不掺黏土，则需像前述圆砾土那样，采用乳胶膜制作试样，试样的压实度只能装填到 85% 左右，远小于路基填土的压实度标准，不能反映实际情况。掺了黏土后，试验采用钢模静压成型，可以达到路基实际压实度。

本次试验配制的角砾土，最大干密度为 2.48g/cm³，最佳含水率为 9.2％，颗粒级配如表 3-5 和图 3-18 所示。

表 3-5　角砾土的颗粒组成[99]

孔径（mm）	9.5	4.75	2.36	1.18	0.6	0.3	0.15	0.075
通过率（％）	100	93.1	38.9	29.0	25.1	23.4	22.6	22.0

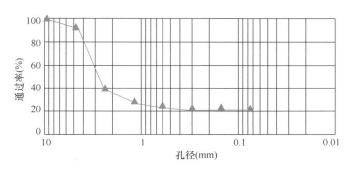

图 3-18　角砾土的级配曲线[32,99]

（2）土工格栅

本试验采用的土工格栅为 3.2.1 节所述的双向土工格栅，其物理力学指标见表 3-3。

2. 试样制备

试样采用内径 150mm、高 200mm 的钢模，按最佳含水率以静压成型方式制备。分别按照 88％、92％和 96％压实度制备 3 组土样，每组土样包含如图 3-5 所示的 6 种布筋方案。试样分 3～6 层装入试模中，装料前先根据预定的压实度和分层厚度计算好每层土料的质量，再分层向试模中装填。每一层土料装入试模后，将表面整平，并尽量保证粗细颗粒分布均匀。每填到预定高度就放入事先剪好的大小合适的双向土工格栅，再装填下一层土料，如此反复。装样完毕，放入金属垫块，在压力机上静压成型（图 3-19），脱模后就得到所需的试样（图 3-20）。

3. 试验结果及分析

试验方法与前述圆砾土的完全相同。试验得到的不同压实度下的应力-应变

（q-ε）曲线如图 3-21～图 3-23 所示。

图 3-19　角砾土试样成型　　图 3-20　角砾土无侧限抗压试样

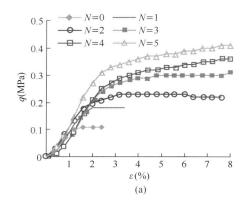

图 3-21　$K=88\%$时的 q-ε 曲线[32,99]

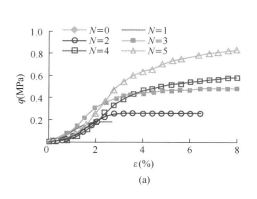
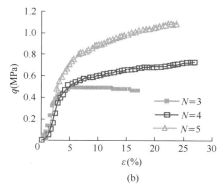

图 3-22　$K=92\%$时的 q-ε 曲线[32,99]

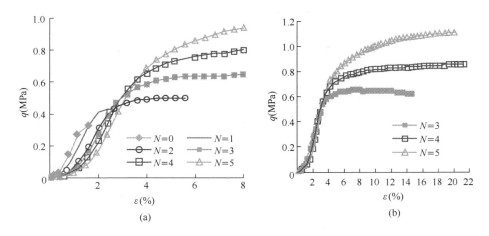

图 3-23　$K = 96\%$ 时的 q-ε 曲线[32,99]

从图 3-21～图 3-23 可以看出以下规律[32]：

1) 不加筋或加筋层数为 1～2 层时，土样的破坏应变较小，为 1%～4%，抗压强度也很小，且加筋 1 层或 2 层的强度与不加筋的没有本质差别。这说明在无侧限试验的条件下，加筋层间距过大时，土工格栅对角砾土的加筋效果较差，其主要原因在于破坏应变小，土工格栅还没有来得及拉伸，试样就破坏了，土工格栅的抗拉能力得不到发挥。这也与试样尺寸较小、四周没有足够的锚固长度、土工格栅与土的界面容易打滑有关。在实体工程结构中，由于土工格栅平面尺寸比试样中的要大得多，所以情况就会不一样。

2) 当轴向应变小于 1%～4% 时，相同压实度下所有加筋试样和不加筋试样的 q-ε 曲线都很接近，甚至有些试验工况下还存在加筋层数越多的试样相同应变对应的 q 值越小的现象。这说明在试样应变很小时土工格栅几乎没有被拉伸，以致其抗拉能力得不到发挥；还因为筋-土界面强度低于土体强度而形成筋-土界面的弱结构面（主要原因是界面可能存在"打滑"现象），加筋层数越多，弱结构面数量越多，从而导致加筋土体的整体强度低于不加筋的纯土强度，加筋层数越多的试样强度越低。这一试验结果表明，要使加筋土体中的筋材发挥作用，必须使其产生拉伸。因此，在实体工程中必须允许加筋土体产生一定变形，并且让筋材在土体中有足够的锚固长度，保证足够的锚固力，以便土体变形时筋材能被拉伸。

3) 当轴向应变大于 1%～4% 后，加筋的作用才开始显现出来，并且在相同压实度下，土工格栅层数越多的试样抗压强度越高。但对于压实度较小（$K =$ 88%）的情况而言，当加筋层数由 4 层增加到 5 层时，加筋土的强度提高幅度很小（图 3-21）；在较高压实度（$K = 92\%$，96%）下，加筋层数由 4 层增加到 5 层时，则可以明显提高试样的抗压强度，如图 3-22 和图 3-23 所示。这说明：①在土的压实度较小时，太密的筋层设计是没有必要的；②只有密实度高的土体才适于采用较密的筋层设计。这与前面所得结论一致。

图 3-24 显示了在加筋层数 N 分别为 3、4、5 时压实度 K 对 q-ε 曲线的影响。

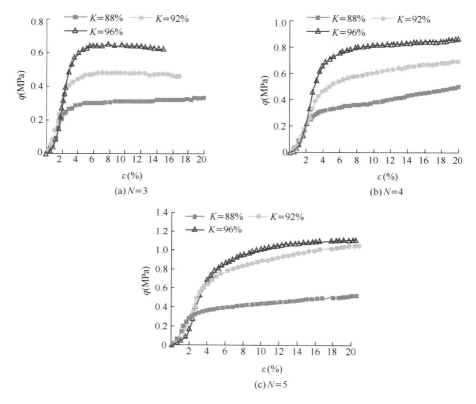

图 3-24　压实度对 q-ε 曲线的影响[32,99]

由图 3-24 可以看出，在加筋层数一定时，增大压实度可以提高试样的抗压能力。当土工格栅层数 $N=3$ 和 4 时，增大压实度对提高抗压强度的作用很明显；当 $N=5$ 时，压实度从 88% 提高到 92% 时，试样的抗压强度提高幅度较大，而当压实度再从 92% 提高到 96% 时，这种强度提高的幅度要小得多。这说明当筋层间距小到一定程度［如图 3-24（c）所示的 $N=5$，相当于筋层间距为 2.5cm］时，没有必要追求过高的压实度。因此，土工格栅的布设密度与土的压实度存在合理匹配问题。在实际工程中可以寻找一个最佳匹配，即在满足加筋土体强度要求的前提下，选择适当的压实标准和与之相匹配的土工格栅加筋层间距，使得工程最为经济[32]。例如，新疆地区的粗粒土比较容易压实，适当提高压实度标准不会明显增加施工难度，所以可以将压实度适当提高，而采用略大一些的土工格栅层间距。

3.3　土工格栅加筋粗粒土三轴抗压特性

用无侧限抗压试验研究加筋土的力学特性是简单易行的方法，但不能施加围压，不能测定抗剪强度指标，而大三轴试验则可以解决这些问题。所以，在完成了上述无侧限抗压试验后，在中国科学院武汉岩土力学研究所完成了以下大三轴试验：

1) 无加筋的 1# 、2# 和 3# 土的大三轴试验。

2) 双向土工格栅加筋 2# 土的大三轴试验。

3.3.1　试验设备和试验材料

1. 试验设备

粗粒土及土工格栅加筋粗粒土大三轴试验在中国科学院武汉岩土力学研究所动静三轴试验室进行，采用的 TAJ－2000 大型三轴仪如图 3-25 所示，试样的固结和剪切过程为全自动化操作，其主要技术参数见表 3-6。

图 3-25　TAJ－2000 大型动静三轴仪

表 3-6　TAJ－2000 大三轴仪主要技术参数

项目	参数
试样尺寸	$\phi300mm \times 600mm$
轴向最大试验力	静态 2000kN，动态试验范围为 0～1000kN
轴向位移测量范围	0～300mm
围压系统	最大围压 10MPa，动态围压为 0～3MPa

项目	参数
最大孔隙水压力	10MPa
控制系统	可采用应力、应变控制，竖向与环向加载同步或相位控制

2. 试验材料

（1）土料

试验采用的土料为三种典型的新疆粗粒土，即 1#、2# 和 3# 粗粒土，它们的来源和颗粒组成等详见第 2 章。加筋土样全部采用 2# 土制作。

图 3-26　大三轴试验用土工格栅试样

（2）土工格栅

试验采用的聚丙烯双向土工格栅与无侧限抗压试验的相同。裁剪的圆形土工格栅试样如图 3-26 所示。为避免试验过程中刺破三轴试样的橡胶膜，土工格栅试样的直径为 29.5cm，比土样直径 30cm 略小。

3.3.2　试验方案

一组三轴试验，一般需要对 4 个试样分别在不同围压下完成[92]，得到 4 个极限莫尔圆，它们的外包线即为抗剪强度线。这对于常规三轴试验很容易做到，因为常规三轴试样直径小，用土量少，试样加工较为简单。而大三轴试样直径和高度分别为 30cm 和 60cm，每个试样用土量达 100kg 左右，用土量大，装填试样的难度大、用时长。此外，粗粒土因粗细颗粒大小悬殊，很难保证一组试验的 4 个试样内部粗细颗粒在空间分布的一致性，因而容易导致试验结果的离散[93]。因此，本次试验采用一个试样多级加荷的试验方法[92]，以克服上述问题。郭庆国[93]从理论和实测数据两个方面充分证明了一个试样多级加荷的三轴试验方法对无黏性粗粒土的正确性和可靠性，而且实测数据表明，一个试样方法比几个试样方法测得的试验数据一致性更好，破坏莫尔圆的公切线更有规律，因此在科学研究和工程实践中已广泛采用[92,100-102]。

为了测定典型新疆粗粒土的抗剪强度指标，并研究土工格栅加筋粗粒土的强度特性，制定了如表 3-7 所示的 8 种试验工况，其中加筋土的土工格栅布置方案如图 3-27 所示。

表 3-7 大三轴试验方案

工况	土料	加筋层数	加筋间距 （cm）	试验方法	试样状态	含水率 （%）	干密度 （g/cm³）	压实度 （%）
1		0	—	CU	非饱和			
2		1	30	CU	非饱和			
3	2#	2	20	CU	非饱和	6.6	2.10	
4		3	15	CU	非饱和			92
5		0	—	CD	饱和	—		
6		2	20	CD	饱和	—		
7	1#	0	—	CU	非饱和	7.6	2.07	
8	3#	0	—	CD	饱和	—	2.05	

注：1. 1#土料，角砾土，最大干密度 2.25g/cm³，最佳含水率 5.6%，试样按 92%压实度制作，所以干密度为 2.07g/cm³。

2. 2#土料，圆砾土，最大干密度 2.28g/cm³，最佳含水率 4.6%，试样按 92%压实度制作，所以干密度为 2.10g/cm³。

3. 3#土料，含细粒土砾，土中多角砾，最大干密度 2.23g/cm³，最佳含水率 6.4%，试样按 92%压实度制作，所以干密度为 2.05g/cm³。

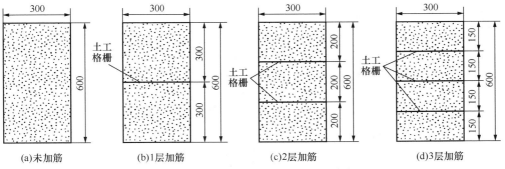

图 3-27 大三轴试样土工格栅布置方案（单位：mm）

3.3.3 试验方法

1. 试样制备

试样严格按《公路土工试验规程》（JTG E40—2007）[92]的规定制备，如图 3-28 所示。大三轴试样允许的颗粒最大粒径为 60mm[92]，试验所用的三种土料最大粒径都不超过 60mm，符合要求。称取足够一个试样需要的土料后，按预定含水率（表 3-7）加水拌和，并闷料 24h。制作试样前再次拌和土料，并检查土的含水率是否为预定值，确认符合要求后，采用人工击实的方法在试模中分层（一般分 6

层）填筑土料，击实前先用细钢钎捣实，土的击实密度根据表 3-7 的要求按体积法控制。下层击实土表面刮毛后再填上层土。加筋土试样在填土到预定高度时需放入剪好的土工格栅试样。

(a)土料拌和　　　　　　　(b)分层击实　　　　　　　(c)试样安装

图 3-28　大三轴试样制备

2. 试样饱和

对试样采用反压法饱和，以确保饱和度达到要求。

3. 试样剪切

如前所述，本次试验采用一个试样 4 级围压试验法，4 级围压分别为 200kPa、400kPa、600kPa、800kPa，从小到大分级施加。按《公路土工试验规程》的要求，在第一级围压作用下施加轴向压力进行剪切，当轴向压力不再增大或相邻两级应力差小于 5kPa 时关机，然后立刻施加第二级围压，稳定 10min 后再施加轴向压力进行剪切，当轴向压力不再增大或相邻两级应力差小于 5kPa 时关机。如此继续进行第三、第四级围压作用下的剪切试验，直至试件破坏为止。若主应力差没有出现峰值，取应变 15% 时的主应力差为破坏主应力差[92]。

3.3.4　试验结果及分析

1. 应力应变关系分析

为了清晰起见，图 3-29 中绘出了工况 1 和工况 3 试样的偏应力 q（$q=\sigma_1-\sigma_3$）与轴向压缩应变 ε_1 的关系曲线，即 q-ε_1 曲线。从图 3-29 中可以看出，每级围压

下 q-ε_1 曲线的斜率随 q 的增加而缓慢下降，至末段接近水平线，标志着试样在该级围压下所能承受的偏应力差已达最大值，试样已破坏。图中台阶状跳跃处表示上级围压下试样达到破坏标准后继而施加下一级围压的状态。在某级围压下，试样达破坏标准后，接着逐渐施加下一级围压至预定值，在此阶段由于试样在不断增大的围压下会产生收缩，轴向压力会随之下降，所以偏应力 q 也同步下降，表现在 q-ε_1 曲线上则为一段下行的垂直线。

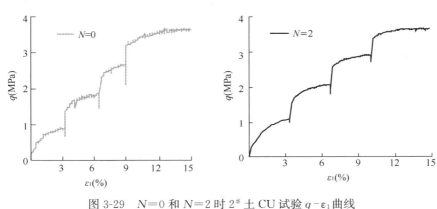

图 3-29　$N=0$ 和 $N=2$ 时 $2^{\#}$ 土 CU 试验 q-ε_1 曲线

为了便于对比分析，将工况 1～工况 4 的 q-ε_1 曲线绘在一张图上（图 3-30）。由图 3-30 可知，相同应变对应的偏应力大小与加筋层数 N 有关。其中，含 2 层土工格栅的试样偏应力最大，说明其加筋效果最好。而 3 层土工格栅的加筋效果，在围压 $\sigma_3 \leqslant 400\mathrm{kPa}$ 时不仅低于 2 层的情况，还低于 1 层的情况；当 $\sigma_3 = 600\mathrm{kPa}$ 时（图 3-30 中 q-ε_1 曲线的第 3 个台阶），3 层的加筋效果与 1 层相当，不及 2 层；当 $\sigma_3 = 800\mathrm{kPa}$ 时（图 3-30 中 q-ε_1 曲线的第 4 个台阶），3 层的加筋效果才高于 1 层，略低于 2 层。可能的原因有以下两个方面：

1）由于三轴试样的顶面和底面分别受到盖板与底座接触面的摩擦阻力作用，受压过程中，试样上、下两端的侧胀小于中部，所以 3 层土工格栅试样中，顶层和底层土工格栅拉伸应变相对较小，发挥的加筋作用有限。虽然中间一层正好处于试样鼓胀最大处，能发挥较大的加筋作用，但 3 层的总

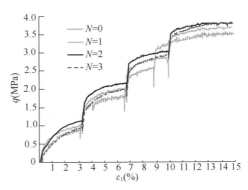

图 3-30　$2^{\#}$ 土非饱和试样 CU 试验时的 q-ε_1 曲线对比

加筋作用有可能不及 2 层加筋的情况（2 层加筋时两层土工格栅分别位于试样高度的上、下三分点处）。

2）三轴试样中，土工格栅-粗粒土的界面上筋-土变形可能不完全协调，存在"打滑"现象，因而界面可能是薄弱层，其抗剪强度不及土体自身，加筋层间距较小时，过多的"薄弱面"可能抵消了部分加筋作用。这种现象在低围压时更显著，所以才出现低围压时 3 层的加筋效果还不及 1 层的情况。

2. 抗剪强度分析

根据试验数据确定各级围压下的最大主应力差（即最大 q 值），得到不同工况下的极限莫尔圆（表 3-8），再采用阮波等[103]提出的非线性规划法确定极限莫尔圆的公切线，即得到每种工况下的抗剪强度线，如图 3-31 所示。由抗剪强度线得到各工况的抗剪强度指标，如表 3-9 所示。

表 3-8 各工况的极限莫尔圆

σ_3(MPa)	σ_1(MPa)							
	工况 1	工况 2	工况 3	工况 4	工况 5	工况 6	工况 7	工况 8
0.2	1.084	1.219	1.357	1.194	0.985	1.437	1.069	1.011
0.4	2.243	2.429	2.577	2.429	2.154	2.672	2.061	2.079
0.6	3.213	3.477	3.642	3.560	3.220	3.732	3.003	3.084
0.8	4.347	4.501	4.627	4.614	4.338	4.721	4.043	3.988

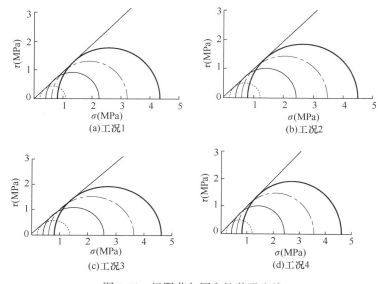

图 3-31 极限莫尔圆和抗剪强度线

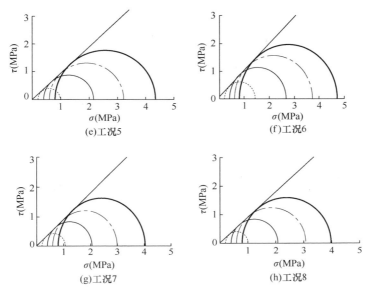

图 3-31　极限莫尔圆和抗剪强度线（续）

表 3-9　不同工况的土体抗剪强度指标

工况	土料	加筋层数	加筋间距(cm)	试验方法	试样状态	含水率（%）	干密度（g/cm³）	压实度（%）	黏聚力 c (kPa)	内摩擦角 φ (°)
1	2#	0	—	CU	非饱和	6.6	2.10	92	6.3	43.4
2		1	30	CU	非饱和	6.6	2.10	92	38.4	43.6
3		2	20	CU	非饱和	6.6	2.10	92	69.9	43.6
4		3	15	CU	非饱和	6.6	2.10	92	20.7	44.6
5		0	—	CD	饱和	—	2.10	92	0	43.4
6		2	20	CD	饱和	—	2.10	92	86.8	43.7
7	1#	0	—	CU	非饱和	7.6	2.07	92	17.5	41.5
8	3#	0	—	CD	饱和	—	2.05	92	12.0	41.7

　　由表 3-9 可以看出，工况 1～工况 3 的内摩擦角 φ 几乎相等，仅黏聚力 c 值不同，这从几种工况的抗剪强度线（图 3-32）看得更加直观。工况 3 与工况 6 相比也是这样的结果。这说明土工格栅加筋粗粒土符合"准黏聚力原理"，即加筋使黏聚力增大，但内摩擦角不变。

　　从图 3-32 中也可以看出，2 层土工格栅的加筋效果最好，3 层土工格栅的加筋效果不及 2 层，与 1 层相当。为了详细比较 3 层土工格栅与 1 层土工格栅加筋效果的区别，表 3-10 中列出了不同法向压力 σ 下二者的抗剪强度 τ_f。由表 3-10

可知，当法向压力 $\sigma<574.6kPa$ 时，含 3 层土工格栅的试样强度比含 1 层的低，$\sigma>574.6kPa$ 后，前者逐渐超过后者。这与前面分析的试样剪切过程中应力-应变（$q-\varepsilon_1$）曲线规律一致，其原因也相同。

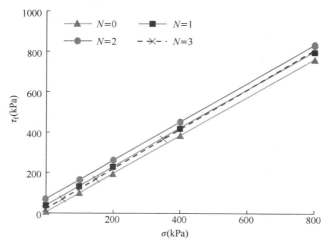

图 3-32　工况 1～工况 4 的抗剪强度线对比

表 3-10　含不同土工格栅层数的试样抗剪强度比较（工况 2 与工况 4）

σ（kPa）		0	100	300	574.6	800	1200	2000
τ_f（kPa）	$N=1$	38.4	133.8	324.5	586.4	801.3	1182.8	1945.7
	$N=3$	20.7	119.1	316.0	586.4	808.3	1202.1	1989.7

按照李文旭[35]、王协群[37]、赵川[45]、徐望国[47]、周小凤和张孟喜[40]等的建议，定义相同围压下加筋土与未加筋土的破坏主应力差为加筋效果系数 R，用 R 值来定量评价加筋效果。表 3-11 是根据表 3-8 中的数据计算出的工况 2～工况 4 的 R 值，图 3-33 是相应的 $R-\sigma_3$ 关系曲线。当用 R 值的大小来判断加筋效果时，由表 3-11 和图 3-33 同样可以看出以上关于 1、2、3 层土工格栅加筋效果的结论。

表 3-11　不同工况下的加筋效果系数

σ_3（MPa）	R		
	工况 2（$N=1$）	工况 3（$N=2$）	工况 4（$N=3$）
0.2	1.15	1.31	1.12
0.4	1.10	1.18	1.10
0.6	1.10	1.16	1.13
0.8	1.04	1.08	1.08

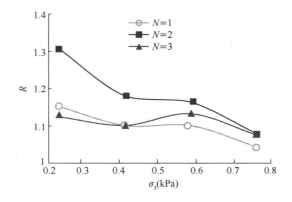

图 3-33　R-σ_3 关系曲线

　　比较表 3-9 中工况 3 和工况 6 可知，含 2 层土工格栅的土样在非饱和与饱和状态下的内摩擦角基本相等，而饱和状态下的黏聚力 c 比非饱和状态的还高些，这表明含水率的增加并不会降低土工格栅加筋粗粒土的抗剪强度。

3.4　小　结

　　1）压实度越高、加筋层数越多的加筋粗粒土承受大变形的能力越强，因而具有良好的抗震性能。

　　2）压实度越大的粗粒土，增加土工格栅加筋密度对提高加筋土强度的作用越显著。同样，在土工格栅加筋密度较大时，提高粗粒土的压实度也能明显提高加筋土的强度，但当加筋密度大到一定程度后，其提高幅度会随加筋密度的增大而下降。

　　3）土工格栅的布设密度与土的压实度存在合理匹配问题。在实际工程中可以寻找一个最佳匹配，即在满足加筋土体强度要求的前提下选择适当的压实标准和与之相匹配的土工格栅加筋间距，使得工程最为经济。

　　4）土工格栅加筋粗粒土的强度随土中粗粒含量的增加而增大。

　　5）土工格栅加筋粗粒土符合"准黏聚力原理"，即加筋使黏聚力增大，但内摩擦角不变。

　　6）含水率对土工格栅加筋粗粒土的强度基本没有影响。

第4章 土工格栅-粗粒土界面特性试验研究

4.1 拉拔试验

4.1.1 简述

对土工格栅和粗粒土的界面特性进行研究是土工格栅加筋技术在新疆公路建设中推广应用的基本任务之一。筋-土界面参数的测定主要通过直剪试验和拉拔试验进行。直剪试验适用于土体相对于筋材单面发生滑动的情况，如坡面筋材没有反包或反包长度不足时可能发生的破坏；而拉拔试验是模拟筋材从土中拉出，筋材双面均产生摩擦的情况，加筋粗粒土坡和加筋挡墙中位于稳定土体内的锚固段就属于这种情况。由于坡面的破坏依靠反包或坡面支护措施很容易避免，所以防止筋材被拔出或者被拉断就成为加筋粗粒土坡设计的控制条件。因此，从这个意义上说，采用拉拔试验来研究格栅与粗粒土之间的界面特性是必然的选择。此外，对于格栅筋材，由于其与粗粒土间产生的横肋阻力在界面总阻力中占有较大比重，拉拔试验比直剪试验能更切合实际地反映横肋阻力的作用，所以 FHWA[3] 规定，土工格栅类的筋材与土的界面参数只能用拉拔试验来测定，不能用直剪试验。基于这样的理由，对单向土工格栅与前述三种典型新疆粗粒土的界面特性通过拉拔试验进行了专门研究。

第 1 章中已述及，有许多学者对土工格栅与粗粒土的界面特性进行了试验研究[49-57]，归纳他们的研究成果，可以得出以下结论：①格栅在粗粒土中的拉拔曲线多为应变硬化型；②格栅横肋对筋-土界面强度的贡献占 50% 以上；③格栅在粗粒土中达拉拔力峰值时拉拔位移比较大，此时筋-土界面的长度比初始长度小。本章将要介绍的单向土工格栅-砾石土拉拔试验结果更是凸显了上述现象。因此，作者结合试验数据，对具有应变硬化型拉拔曲线的拉拔试样破坏标准进行了分析，提出了如何确定其极限拉拔力的建议，并提出了达极限拉拔力时考虑格栅本身伸长量影响的格栅实际埋入长度的计算方法。在此基础上，计算出了多种试验工况下的单向土工格栅-砾石土界面强度参数，分析了这些强度参数与砾石土压实度和含水率的关系。

4.1.2　试验仪器

采用 YT140 型拉拔试验仪（图 4-1）完成所有拉拔试验。该仪器的拉拔盒净空尺寸为 250mm×200mm×316mm（长×宽×高），可液压施加法向压力 0～200kPa，拉拔速率为 0.1～100mm/min，可全自动记录拉拔数据和拉拔曲线。

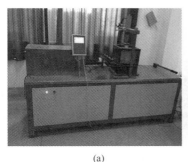 

(a)　　　　　　　　　　　　　　　　(b)

图 4-1　拉拔仪

4.1.3　试验材料

试验采用 HDPE 单向土工格栅（图 4-2），每米宽的土工格栅含纵肋 46 根，网孔净尺寸为 220.0mm×17.6mm；纵肋最小宽度 6.5mm，最大宽度 15.5mm；横肋宽度 17.5mm，横肋间距（中到中）233.0mm，厚度 1.38mm。实测力学指标见表 4-1。

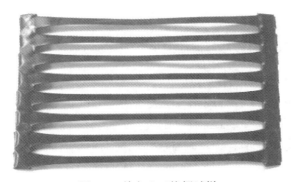

图 4-2　单向土工格栅试样

表 4-1　单向土工格栅的力学指标

破坏拉力（kN/m）	破坏应变（%）	2%应变拉力（kN/m）	5%应变拉力（kN/m）
72.1	16.3	18.0	31.7

根据单根纵肋的拉伸试验结果（一组 5 个单根纵肋拉伸试验结果的平均值），得到有 8 条纵肋的拉拔试验土工格栅样品的拉伸曲线，如图 4-3 所示，曲线首段（拉力 $T=0\sim7\text{kN}$）近似为抛物线，末段（$T\geqslant7\text{kN}$）近似为直线。经数据拟合得到分段拟合方程如式（4-1）所示，拟合误差 $\Delta\varepsilon<0.4\%$。

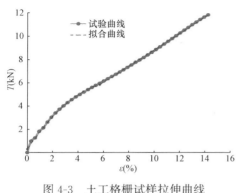

$$\left.\begin{array}{l}\varepsilon = 0.117\,78T^2 + 0.243\,96T, T < 7\text{kN}\\\varepsilon = 1.4365T - 2.53794, T \geqslant 7\text{kN}\end{array}\right\}$$

$$(4-1)$$

式中，T——土工格栅样品所受拉力，kN；

ε——土工格栅样品的拉伸应变，%。

试验土料为第 2 章所述的三种典型新疆粗粒土，即 1# 角砾土、2# 圆砾土、3# 含细粒土砾，它们的级配组成、物理力学性质指标详见第 2 章。

图 4-3　土工格栅试样拉伸曲线

4.1.4　试验方法

根据《公路土工合成材料试验规程》（JTG E50—2006）（以下简称试验规程）中的要求，分别在 25kPa、50kPa、100kPa 和 150kPa 的竖向压力下实施土工格栅的拉拔试验，拉拔速率为 1mm/min。拉拔试验中土工格栅埋入土中的初始长度 L_{20} 分别为：1# 和 2# 土的 $L_{20}=150\text{mm}$，3# 土的 $L_{20}=100\text{mm}$。3# 土的 L_{20} 取较小值的原因是 $L_{20}>100\text{mm}$ 时土工格栅容易被拉断，以致试验无法完成。

4.1.5　拉拔曲线特征及破坏标准的确定

图 4-4 是单向土工格栅在 2# 和 3# 土中的拉拔曲线。图 4-5（a）中法向压力 $\sigma=50\text{kPa}$、100kPa 和 150kPa 的拉拔曲线均为应变硬化型，$\sigma=25\text{kPa}$ 的拉拔曲线后段拉拔力基本是稳定值；图 4-5（b）中仅 $\sigma=150\text{kPa}$ 的拉拔曲线为应变硬化型，其他均为应变软化型。之所以有这样的区别，除土的颗粒组成不同以外，土工格栅在土中的初始埋入长度 L_{20} 不同也是原因之一。试验发现，L_{20} 较大者，拉拔曲线多为应变硬化型；L_{20} 较小者，则多为应变软化型，王家全等[55] 的试验也得到了相似的结论。

如图 4-4（a）所示，有 3 条拉拔曲线的末段上翘。其原因在于，随着拉拔位移的增大，土工格栅网孔对土颗粒的嵌锁作用致使土颗粒随土工格栅的向外拔出而向拔出口方向移动，因土颗粒的移动受到拉拔盒刚性盒壁的阻挡，拔出口附近

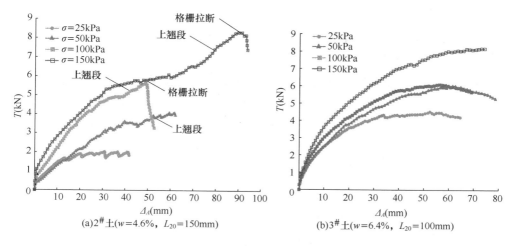

(a)2#土(w=4.6%，L_{20}=150mm)　　(b)3#土(w=6.4%，L_{20}=100mm)

图 4-4　典型拉拔曲线

区域的土体受到挤压而致密度不断增大，土颗粒移动和滚动越来越困难。特别是当土工格栅网孔内嵌入较粗的土颗粒时，拉拔到最后就会卡在拔出口，导致土工格栅被拉断。实体工程不会出现此种现象，因为实际的加筋土体没有固定的四壁限制，所以上翘的末段不是真实情况的体现。

　　剔除末段上翘部分后，则单向土工格栅在三种粗粒土中的拉拔曲线有Ⅰ、Ⅱ、Ⅲ三种类型（图 4-5）。本次试验结果中，Ⅰ型曲线占多数，一般在法向压力较大（如≥50kPa），且土工格栅埋入土中的初始长度较长（如＞100mm）时出现；法向压力较小，或土工格栅埋入土中的初始长度较短时可能为Ⅱ型和Ⅲ型。对于Ⅱ型和Ⅲ型拉拔曲线，破坏标准的确定在试验规程[104]中已有明确的规定，即取拉拔力达稳定值时的 M_2 点（Ⅱ型）或达最大值时的 M_3 点（Ⅲ型），而Ⅰ型曲线的破坏标准还没有定论，有必要做专门探讨。

　　FHWA[3]基于结构的容许变形对Ⅰ型拉拔曲线提出了按拉拔位移确定拉拔阻力的标准：刚性筋材以筋材前端（拉拔端）位移达到 20mm 时的拉拔力作为拉拔阻力，柔性筋材以筋材末端（土内部分的末端）位移等于 15mm 时的拉拔力作为拉拔阻力。由于筋材末端位移的测定比较复杂，所以这个标准执行起来有一定困难。

　　土工格栅横肋的端承阻力在机理上与

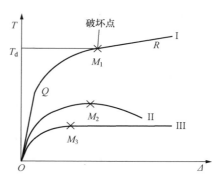

图 4-5　拉拔曲线类型示意图

地基承载力相似（类似于水平承载的浅基础），对于密实的粗粒土，拉拔引起的土工格栅横肋周围土体的破坏机理类似于地基土体的整体剪切破坏，拉拔曲线也就与地基整体剪切破坏的荷载-沉降曲线相类似。即图 4-5 中 I 型拉拔曲线的首段 OQ 近似为直线，此阶段土工格栅横肋周围的土颗粒随土工格栅的拉拔而移动，土体被挤密，土体各点处于弹性平衡状态；之后，随着拉拔位移的继续增大，周围土体开始进入塑性状态，发生塑性变形，拉拔曲线表现为曲线（OM_1 段）；当拉拔位移达到一定值后，塑性区连接成片，拉拔曲线又进入后续较平缓的直线段（M_1R 段）。这与发生整体剪切破坏的地基荷载-沉降曲线相似。因此，可以以曲线段 OM_1 的末端 M_1 点作为 I 型拉拔曲线的破坏点，不妨称此破坏标准为"拐点标准"。以下相关内容中对 I 型曲线都采用这样的拐点标准。

4.1.6 破坏时筋-土界面长度的计算

如前所述，拉拔过程中土中的筋材长度是随拉拔位移的发展而变化的，土工格栅在粗粒土中的拉拔过程更是如此，因为达到破坏状态时的拉拔位移较大。图 4-6 所示是拉拔过程中筋材位置变化示意图。一般来说，试验时测得的拉拔位移都是筋材外露部分在夹具末端的位移 Δ_A（简称拉拔端位移），它与筋-土界面上筋材与土体的相对位移量（即拉拔位移）Δ 并不相等，前者包含外露部分 AC 的伸长量。为了解决这个问题，保证 AC 段筋材不被拉伸，常采取将外露部分粘上一块木板的办法[104]。但这并不能完全解决外露筋材伸长的问题，因为拉拔开始后从土中拔出的筋材在后续拉力的作用下还会伸长。试验表明，土工格栅在粗粒土中达极限拉拔力时的拉拔位移相对较大（可达 3～10cm），拉拔过程中从拉拔盒内拔出的那部分土工格栅的伸长量占有一定比例，不宜忽略。为此，这里提出一种可以计算出筋材（包括外露的筋材和埋在土内的筋材）伸长量的方法，根据 Δ_A 和筋材伸长量 ΔL 就可计算出达极限拉力时筋材的真实拉拔位移 Δ 和土内部分筋材的实际长度（亦即筋-土界面的长度），这样就可精确计算达极限拉拔力时的筋-土界面面积，从而算出界面强度。

图 4-6 中 C 点为拉拔盒上的拔出口。对照图 4-6，试验规程[104]给出的界面抗剪强度计算公式为

$$\tau_f = 0.5 \times \frac{T_d}{L_2 B} \tag{4-2}$$

式中，τ_f——界面抗剪强度，kPa；

T_d——极限拉拔力，kN；

B——土工格栅试样的宽度，m，试验中 B 值不变，这里 $B = 0.181$m；

L_2——土工格栅埋在土内部分的长度，m，试验过程中，随土工格栅的拔出，L_2 不断减小。

下面讨论如何计算达极限拉力时 L_2 值的大小。

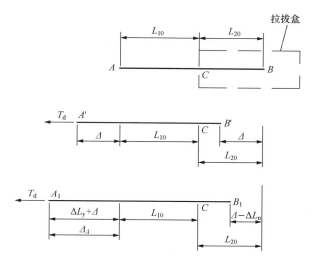

图 4-6　拉拔过程中土工格栅移动及拉伸示意图

如图 4-6 所示，拉拔前土工格栅的外露部分为 AC，土内部分为 CB，其长度分别为 L_{10} 和 L_{20}，此时土工格栅拉拔端在 A 点，土内的末端在 B 点。当拉拔力达极限值 T_d 时，土工格栅拉拔端延伸到 A_1 点，土内的末端移动到 B_1 点。现将上述土工格栅移动和伸长的过程假想为两步：第一步，土工格栅发生平移，这时假想土工格栅是不可拉伸的刚性材料，土工格栅上各点同步地向拉拔方向水平移动 Δ 值（可认为 Δ 就是土工格栅与土体的相对位移，即拉拔位移），此时土工格栅的拉拔端由 A 点移动到 A' 点，土工格栅末端由 B 点移动到 B' 点；第二步，土工格栅外露部分 $A'C$ 段（包括拔出段）向外伸长 ΔL_y，此时土工格栅拉拔端延伸至 A_1 点，而土工格栅的土内部分 CB' 则向内伸长 Δl_n，土工格栅末端向内延伸至 B_1 点。

设在极限拉力 T_d 的作用下拉拔仪测得的 A 端位移量为 Δ_A，则有

$$\Delta_A = \Delta L_y + \Delta \tag{4-3}$$

所以

$$\Delta = \Delta_A - \Delta L_y \tag{4-4}$$

由以上分析可知，ΔL_y 是长度为（$L_{10} + \Delta$）的土工格栅在空气中的伸长量，ΔL_n 是长度为（$L_{20} - \Delta$）的土工格栅在土内的伸长量。对土工格栅做拉伸试验就可得到土工格栅在空气中的拉力 T-拉应变 ε 曲线（图 4-3），于是可按以下方法

分别计算 ΔL_y 和 ΔL_n。

1. ΔL_y 的计算

设拉力为 T_d 时土工格栅拉伸应变为 ε_1，则有

$$\Delta L_y = (L_{10} + \Delta)\varepsilon_1 \qquad (4-5)$$

将式（4-4）代入式（4-5），整理后得

$$\Delta L_y = \frac{\varepsilon_1}{1 + \varepsilon_1}(L_{10} + \Delta_A) \qquad (4-6)$$

式中，ε_1 可从土工格栅试样拉伸曲线（图4-3）查得，也可用拉伸曲线的拟合方程式（4-1）计算，这里采用后者。

2. ΔL_n 的计算

为了计算 ΔL_n，必须知道极限拉力 T_d 中横肋阻力 T_b 和纵肋摩擦力 T_s 各占有多少份额。为此，在完成了上述所有试验之后，借鉴文献 [49，53，54] 的方法，又选择 $2^\#$ 和 $3^\#$ 两种粗粒土分别完成了有横肋和无横肋的单向土工格栅拉拔试验（考虑到 $1^\#$ 土的级配与 $2^\#$ 土较接近，没有用 $1^\#$ 土做此试验），试验结果见表4-2和表4-3。综合表4-2和表4-3中的数据可知，T_b 与 T_d 之比为 $69\%\sim81\%$。

表4-2 $2^\#$土中土工格栅横肋阻力占比

法向压力（kPa）	有横肋峰值拉力 T_d（kN）	无横肋拉力 T_s（kN/m）	横肋阻力 P_b（kN）	P_b/T_d（%）
25	2.44	0.69	1.75	71.7
50	2.74	0.85	1.89	69.0
100	5.21	0.99	4.22	81.0
150	6.54	1.27	5.27	80.6

注：1. 土工格栅初始埋设长度 $L_{20}=150$mm。

2. 土的含率 $w=4.6\%$，压实度 $K=92\%$。

表4-3 $3^\#$土中土工格栅横肋阻力占比

法向压力（kPa）	有横肋峰值拉力 T_d（kN）	无横肋拉力 T_s（kN/m）	横肋阻力 P_b（kN）	P_b/T_d（%）
25	3.29	0.85	2.44	74.2
50	3.53	1.10	2.43	68.8
100	4.58	1.44	2.41	68.6
150	7.74	1.69	6.05	78.2

注：1. 土工格栅初始埋设长度 $L_{20}=100$mm。

2. 土的含率 $w=6.4\%$，压实度 $K=92\%$。

　　假定纵肋与粗粒土之间的摩擦力在土工格栅-土界面上是均匀分布的，而土工格栅横肋阻力 T_b 作用在土工格栅的末端 B'（不计土内部分土工格栅伸长时土工格栅末端的位置，参见图4-6），拔出口 C 处的土工格栅轴向拉力为 T_d，于是可得土内部分土工格栅的轴力分布如图4-7所示。将土工格栅的拉伸力与拉伸应变近似视为线性关系，

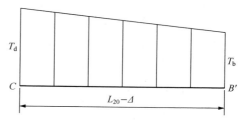

图4-7　土内土工格栅轴力图

则 ΔL_n 等于长度为 $(L_{20}-\Delta)$ 的土工格栅在空气中受到轴向拉力 $(T_b+T_d)/2$ 作用时的拉伸量。

　　设拉力为 $(T_b+T_d)/2$ 时的土工格栅拉伸应变为 ε_2，则有

$$\Delta L_n = (L_{20} - \Delta)\varepsilon_2 \tag{4-7}$$

　　3. L_2 的计算

　　由图4-6可知，L_2 可按下式计算，即

$$L_2 = L_{20} - \Delta + \Delta L_n \tag{4-8}$$

式中，Δ 可由式（4-4）和式（4-6）联合计算得到，ΔL_n 则由式（4-7）计算。

4.1.7　表征界面强度的参数

　　1. 界面似黏聚力 c_{sg} 和似摩擦角 φ_{sg}

　　用于描述筋-土界面强度的参数通常有界面似黏聚力 c_{sg} 和界面似摩擦角 φ_{sg}，这两个参数基于界面强度符合库仑定律的假定。试验结果表明，实测点 (σ, τ_f)（σ 为法向压应力，τ_f 为界面抗剪强度）有时较为离散，与库仑强度线的符合度不是很高。这可能是因为土工格栅-粗粒土的界面强度中横肋端承阻力占主要部分，土工格栅肋条与土体间的表面摩擦强度仅占次要部分的缘故，所以其规律主要受端承机理控制。而库仑定律为摩擦定律，可以反映土工格栅肋条表面与土体之间的摩擦规律，却与横肋的端承机理不符。王协群等[105]也得到了类似的试验结论。所以，界面似黏聚力 c_{sg} 和界面似摩擦角 φ_{sg} 实际上并不能很好地反映土工格栅-粗粒土界面强度。但由于对于给定的土样和给定的土工格栅，c_{sg} 和 φ_{sg} 是常数，应用起来比较方便，受到工程师的欢迎，所以仍是试验规程[104]和一些设计规范[85]中推荐采用的参数。

2. 界面综合摩擦角 φ_{sg}^* 和界面阻力系数 f_{sg}

考虑到土工格栅与粒料土的界面间没有黏性，我国现行的国家标准[85]给出的计算土工格栅与粒料土的界面强度方法中忽略了 c_{sg} 的作用，仅以界面摩擦系数 $f(f=\tan\varphi_{sg})$ 的大小来表征界面强度[10]。大量的研究资料表明，土工格栅与粗粒土的嵌锁作用形成横肋端承阻力，使得用摩尔-库仑强度包线描述的界面强度有很高的假黏聚力[49,50]。所以，c_{sg} 不是界面黏性大小的反映，它与土工格栅网孔和土颗粒的嵌锁作用直接相关，是土工格栅与土体界面强度借用库仑直线表达时必然存在的一个量值。界面强度中土工格栅横肋端承阻力占比越高，c_{sg} 就越大[49,50,56]，忽略它会造成设计上的保守，存在一定的不合理性。从这个意义上讲，称 c_{sg} 为似黏聚力比较贴切。

如果仅以界面摩擦系数 f 来反映界面强度，就忽视了 c_{sg} 的作用，存在一定的不合理性。现行公路规范[86]和美国 FHWA 规范[3]改用界面阻力系数 f_{sg}（在我国公路试验规程[104]中称为拉拔摩擦系数）来描述界面强度。借鉴文献［49］和文献［57］的做法，界面阻力系数 f_{sg} 可以用界面综合摩擦角 φ_{sg}^* 来表征，以便于将其与土的内摩擦角大小相比较。界面综合摩擦角 φ_{sg}^* 与 f_{sg}、c_{sg} 和 φ_{sg} 之间的关系为

$$\tan\varphi_{sg}^* = f_{sg} = \frac{\tau_f}{\sigma} = \frac{c_{sg}}{\sigma} + \tan\varphi_{sg} \qquad (4-9)$$

φ_{sg}^* 和 f_{sg} 可以将 c_{sg} 对界面强度的贡献包含在内，比仅采用 φ_{sg} 表征界面强度更合理。但是即使对给定的土和土工格栅，φ_{sg}^* 和 f_{sg} 都不是常数，而是随法向压力 σ 的变化而变化，这给 φ_{sg}^* 和 f_{sg} 的实际应用带来了不便。

4.1.8 新疆典型粗粒土的拉拔试验成果

采用前面提出的拐点标准，根据单向土工格栅在 1#、2# 和 3# 土中的拉拔曲线确定出不同法向压力下的极限拉拔力 T_d，并由去掉土工格栅横肋后测得的纵肋拉拔摩擦力 T_s 算得横肋阻力 $T_b=T_d-T_s$，即可按式（4-8）计算出对应于极限拉拔力的土工格栅在土内部分的长度 L_2。再由式（4-2）和式（4-9）分别算得相应的界面抗剪强度 τ_f 和界面综合摩擦角 φ_{sg}^*。计算结果表明，当 T_b/T_d 在 69% ～81% 之间变化时，τ_f 值变化很小，所以单向土工格栅-粗粒土界面的 T_b/T_d 值可取其平均值 75%。

1. 1# （G314）砾石土试验成果

（1）拉拔曲线

1# 土中的拉拔曲线如图 4-8 所示。

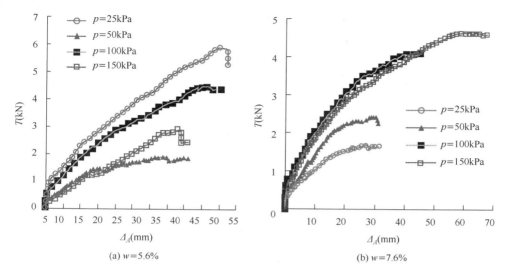

图 4-8　1#土中的拉拔曲线

（2）界面强度参数

含水率为 5.6% 和 7.6% 时 1#土与单向土工格栅的界面强度计算见表 4-4 和表 4-5，界面抗剪强度线如图 4-9 所示。

表 4-4　1#土与单向土工格栅的界面强度计算（$w=5.6\%$）

σ (kPa)	T_d (kN)	T_b (kN)	Δ_A (mm)	ε_1 (%)	ε_2 (%)	ΔL_y (mm)	Δ (mm)	ΔL_n (mm)	L_2 (m)	τ_f (kPa)	φ_{sg}^* (°)
25	1.89	1.42	31.7	0.9	0.7	1.0	30.7	0.9	0.1202	43.43	60.1
50	2.76	2.07	34.7	1.6	1.3	1.9	32.8	1.5	0.1187	64.24	52.1
100	4.46	3.35	43.5	3.4	2.7	4.3	39.2	3.0	0.1139	108.18	47.3
150	5.91	4.43	49.8	5.6	4.4	7.2	42.6	4.7	0.1122	145.55	44.1

注：土工格栅初始外露长度 $L_{10}=87.5mm$，初始土内长度 $L_{20}=150mm$。

表 4-5　1#土与单向土工格栅的界面强度计算（$w=7.6\%$）

σ (kPa)	T_d (kN)	T_b (kN)	Δ_A (mm)	ε_1 (%)	ε_2 (%)	ΔL_y (mm)	Δ (mm)	ΔL_n (mm)	L_2 (m)	τ_f (kPa)	φ_{sg}^* (°)
25	1.59	1.19	23.2	0.7	0.6	0.8	22.4	0.7	0.1283	34.24	53.9
50	2.32	1.74	23.6	1.2	1.0	1.3	22.3	1.3	0.1290	49.69	44.8
100	4.07	3.05	39.3	2.9	2.4	3.6	35.7	2.7	0.1170	96.07	43.9
150	4.67	3.50	59.5	3.7	3.0	5.3	54.2	2.8	0.0986	130.85	41.1

注：土工格栅初始外露长度 $L_{10}=87.5mm$，初始土内长度 $L_{20}=150mm$。

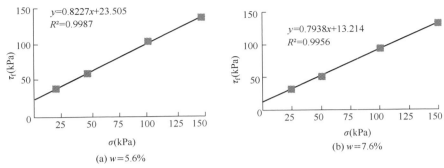

图 4-9　1#土与单向土工格栅界面抗剪强度线

2. 2#（S101）砾石土试验成果

（1）拉拔曲线

2#土中的拉拔曲线如图 4-10 所示。

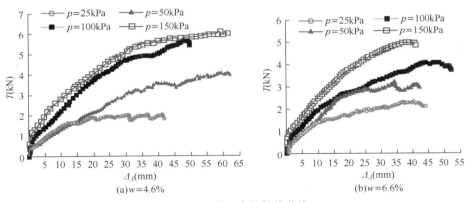

图 4-10　2#土中的拉拔曲线

（2）界面强度参数

含水率为 4.6% 和 6.6% 时 2#土与单向土工格栅的界面强度计算见表 4-6 和表 4-7，界面抗剪强度线如图 4-11 所示。

表 4-6　2#土与单向土工格栅的界面强度计算（$w=4.6\%$）

σ (kPa)	T_d (kN)	T_b (kN)	Δ_A (mm)	ε_1 (%)	ε_2 (%)	ΔL_y (mm)	Δ (mm)	ΔL_n (mm)	L_2 (m)	τ_f (kPa)	φ_{sg}^* (°)
25	1.98	1.49	31	0.9	0.8	1.1	29.9	0.9	0.1210	45.19	61.0
50	3.27	2.45	33.5	2.1	1.7	2.4	31.1	2.0	0.1209	74.71	56.2
100	4.93	3.70	35.7	4.1	3.2	4.8	30.9	3.9	0.1230	110.74	47.9
150	5.93	4.45	53.7	5.6	4.4	7.5	46.2	4.6	0.1084	151.15	45.2

注：土工格栅初始外露长度 $L_{10}=87.5\text{mm}$，初始土内长度 $L_{20}=150\text{mm}$。

表 4-7　$2^{\#}$ 土与单向土工格栅的界面强度计算（$w=6.6\%$）

σ (kPa)	T_d (kN)	T_b (kN)	Δ_A (mm)	ε_1 (%)	ε_2 (%)	ΔL_y (mm)	Δ (mm)	ΔL_n (mm)	L_2 (m)	τ_f (kPa)	φ_{sg}^* (°)
25	1.97	1.48	25.2	0.9	0.8	1.0	24.2	1.0	0.1268	42.91	59.8
50	2.93	2.20	25.9	1.7	1.4	1.9	24.0	1.8	0.1278	63.34	51.7
100	3.97	2.98	41.9	2.8	2.3	3.6	38.3	2.5	0.1142	96.04	43.8
150	4.97	3.73	40.1	4.1	3.3	5.1	35.0	3.8	0.1187	115.63	37.6

注：土工格栅初始外露长度 $L_{10}=87.5$mm，初始土内长度 $L_{20}=150$mm。

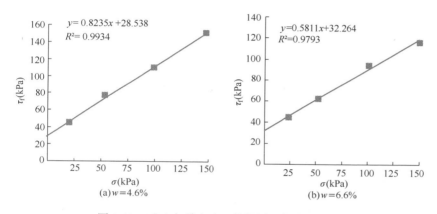

图 4-11　$2^{\#}$ 土与单向土工格栅界面抗剪强度线

3. $3^{\#}$（G7）砾石土试验成果

（1）拉拔曲线

$3^{\#}$ 土中的拉拔曲线如图 4-12 所示。

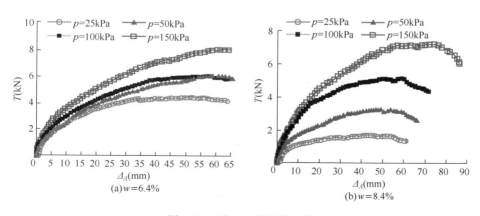

图 4-12　$3^{\#}$ 土中的拉拔曲线

（2）界面强度参数

$3^{\#}$ 土与单向土工格栅的界面强度计算见表4-8和表4-9，界面抗剪强度线如图4-13所示。

表4-8　$3^{\#}$ 土与单向土工格栅的界面强度计算（$w=6.4\%$）

σ (kPa)	T_d (kN)	T_b (kN)	Δ_A (mm)	ε_1 (%)	ε_2 (%)	ΔL_y (mm)	Δ (mm)	ΔL_n (mm)	L_2 (m)	τ_f (kPa)	φ_{sg}^* (°)
25	3.97	2.98	26.4	2.8	2.3	4.5	21.9	1.8	0.0799	137.30	79.7
50	4.81	3.61	31.7	3.9	3.1	6.3	25.4	2.3	0.0770	172.62	73.8
100	5.76	4.32	39.5	5.3	4.2	8.9	30.9	2.9	0.0721	220.80	65.6
150	7.25	5.44	43.5	7.9	6.3	13.2	30.3	4.4	0.0741	270.28	61.0

注：土工格栅初始外露长度 $L_{10}=137.5$mm，初始土内长度 $L_{20}=100$mm。

表4-9　$3^{\#}$ 土与单向土工格栅的界面强度计算（$w=8.4\%$）

σ (kPa)	T_d (kN)	T_b (kN)	Δ_A (mm)	ε_1 (%)	ε_2 (%)	ΔL_y (mm)	Δ (mm)	ΔL_n (mm)	L_2 (m)	τ_f (kPa)	φ_{sg}^* (°)
25	1.73	1.30	40.7	0.8	0.6	1.4	39.3	0.4	0.0611	78.27	72.3
50	3.14	2.36	40.8	1.9	1.6	3.4	37.4	1.0	0.0635	136.50	69.9
100	4.71	3.53	33.8	3.8	3.0	6.2	27.6	2.2	0.0746	174.44	60.2
150	6.12	4.59	38.7	5.9	4.7	9.8	28.9	3.3	0.0745	227.06	56.6

注：土工格栅初始外露长度 $L_{10}=137.5$mm，初始土内长度 $L_{20}=100$mm。

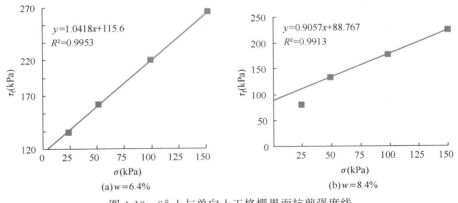

图4-13　$3^{\#}$ 土与单向土工格栅界面抗剪强度线

4.1.9　界面强度参数的实测值

由界面的库仑强度线（τ_f-σ 线）就可得到界面强度指标 c_{sg} 和 φ_{sg}。所有试验工况的 c_{sg}、φ_{sg}、φ_{sg}^* 和 f_{sg} 见表4-10。

表 4-10   单向土工格栅-典型新疆粗粒土界面强度指标

土样编号	w (%)	c_{sg} (kPa)	φ_{sg} (°)	φ_{sg}^* (°)				f_{sg}			
				σ (kPa)				σ (kPa)			
				25	50	100	150	25	50	100	150
1#	5.6	23.5	39.4	60.1	52.1	47.3	44.1	1.74	1.28	1.08	0.97
	7.6	13.2	38.4	53.9	44.8	43.9	41.1	1.37	0.99	0.96	0.87
2#	4.6	28.5	39.5	61.0	56.2	47.9	45.2	1.81	1.49	1.11	1.01
	6.6	32.3	30.4	59.8	51.7	43.8	37.6	1.72	1.27	0.96	0.77
3#	6.4	115.6	46.2	79.7	73.6	65.6	61.0	5.49	3.45	2.21	1.80
	8.4	88.8	42.2	72.3	69.9	60.2	56.6	3.13	2.73	1.74	1.51

由表 4-10 可知，单向土工格栅与典型新疆粗粒土的界面似摩擦角一般不低于 30°，多数为 38°～42°；界面似黏聚力一般不低于 10kPa，甚至达到 100kPa 以上。因此，如按通常做法不计界面似黏聚力，偏于保守[10,11]。

根据新疆地区的工程经验，从土场新挖出的土，其含水率一般接近或略小于最佳含水率；由 G314 等公路改建工程中对原有路堤的土质调查数据可知，新疆地区公路竣工后达到平衡湿度状态时，其含水率一般也接近或略小于最佳含水率。由表 4-10 可知，在最佳含水率时，单向土工格栅与新疆粗粒土的界面综合摩擦角 φ_{sg}^* 不低于 44°。根据 1#、2# 和 3# 土的大三轴试验结果可知，填筑于路堤中的粗粒土内摩擦角一般为 41°～43°。根据这些试验结果，参考规范[86]的建议，偏保守地近似取

$$f_{sg} = \xi \tan\varphi \quad (其中 \xi = 0.9～1) \tag{4-10}$$

由表 4-10 看出，1# 和 2# 粗粒土与单向土工格栅的界面强度比较接近，因为二者的土颗粒大小和级配相近。而 3# 土与单向土工格栅的界面强度比 1# 和 2# 土要高出许多，这可能是 3# 土与土工格栅网孔的嵌锁作用更显著所致。研究表明[3]，土颗粒与土工格栅的嵌锁作用程度同网孔净宽 b 与土颗粒的平均粒径 d_{50} 之比有关，FHWA[3]要求 $b/d_{50} > 1$。由筛分结果（见第 2 章）得到 1# 和 2# 土的 $d_{50} = 12$mm，3# 土的 $d_{50} = 2.5$mm，试验采用的单向土工格栅网孔净尺寸为 220mm×17.6mm，因此 1# 和 2# 土的 $b/d_{50} = 17.6/12 = 1.47$，3# 土的 $b/d_{50} = 17.6/2.5 = 7$。

现以 2# 土为代表，对单向土工格栅在新疆粗粒土中的锚固力 P_r 进行评估。

根据规范[86]，P_r 按下式计算，计算结果见表 4-11：

$$P_r = 2\alpha f_{sg} \sigma L_e / F_e \tag{4-11}$$

式中，α——柔性筋材与土界面阻力沿长度非线性分布的修正系数，土工格栅
取 0.8；

f_{sg}——界面阻力系数，取表 4-10 中的值；

σ——界面有效法向应力；

L_e——土工格栅的锚固长度；

F_e——锚固安全系数，粒料土取 $1.5^{[86]}$。

表 4-11 单向土工格栅在 2$^\#$ 粗粒土中的锚固力 P_r(kN/m)

σ(kPa)	L_e(m)		
	1	1.5	2
25	48.3	72.4	96.5
50	79.5	119.2	158.9
100	118.4	177.6	236.8
150	161.6	242.4	323.2

记 $L_e=1$m 时的锚固力为 P_{r1}，由表 4-11 中的数据得到 P_{r1}-σ 曲线如图 4-14
所示，可见 P_{r1}-σ 近似为直线，其拟合方程为

$$P_{r1} = 0.8821\sigma + 30.264 \tag{4-12}$$

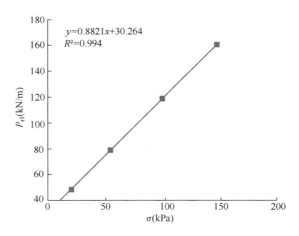

图 4-14 1m 锚固长度的抗拔力 P_{r1} 与法向应力 σ 的关系

假定加筋粗粒土坡中顶层格栅的埋深为 0.7m，土的重度按 22kN/m³ 计，则
$\sigma=0.7\times22=15.4$kPa，按式（4-12）计算得到 1m 锚固长度的格栅，其锚固力可

达 44kN/m。这对于高度不超过 20m、格栅层距不超过 0.6m 的加筋砾石土坡是足够的，因为对坡高 20m、坡率 0.5、格栅间距 0.6m 的加筋砾石土坡，保守地取土的内摩擦角 $\varphi=37°$，黏聚力 $c=0$，重度 $\gamma=22kN/m^3$，计算得到，安全系数达到 1.45（最高标准）所要求的最大格栅设计抗拉强度（底部 1/3 高度内每层格栅应达到的设计抗拉强度）也仅为 36kN/m。由此看来，如果按国标[85]要求，取最小锚固长度为 1m 是可以满足要求的。而如果按公路规范[86]规定，最小锚固长度不得小于 2m，则最小锚固力将达到 88kN/m，是非常保险的。

4.1.10 界面特性与主要影响因素的关系

在实际工程中，当土工格栅和土料确定后，加筋路堤在施工过程中的主要可变因素是土的含水率和压实度。为了探讨含水率和压实度对单向土工格栅-粗粒土界面特性的影响规律，选取 $3^\#$ 土，完成了两个系列的拉拔试验：

1）模拟实际施工条件，固定含水率为最佳含水率，$w=6.4\%$，而压实度分别取 $K=90\%$，92% 和 94%，以研究压实度对界面特性的影响。

2）按二级公路下路堤的标准[95]，固定压实度 $K=92\%$，而含水率分别取 $w=2\%$，3%，4.4%，6.4%，8.4%，10.4%，以研究含水率对界面特性的影响。

1. 压实度的影响

表 4-12 所示是由不同压实度下单向土工格栅在 $3^\#$ 土中的拉拔试验数据得到的试验结果，图 4-15～图 4-17 所示是界面似黏聚力 c_{sg}、界面似摩擦角 φ_{sg} 和界面综合摩擦角 φ_{sg}^* 与压实度的关系曲线。可见，当压实度 K 从 90% 增大到 92% 时，界面强度参数都有较明显的提高，而当压实度从 92% 增大到 94% 时，c_{sg} 和 φ_{sg} 略有增大。

表 4-12 不同压实度下的界面综合摩擦角 φ_{sg}^*（°）

K（%）	c_{sg} (kPa)	φ_{sg}（°）	σ（kPa）			
			25	50	100	150
90	62.6	41.4	72.8	64.4	58.8	51.2
92	115.6	46.2	79.7	73.8	65.6	61.0
94	117.8	47.4	79.4	74.6	66.9	61.3

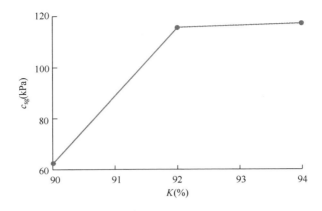

图 4-15 c_{sg} - K 关系曲线

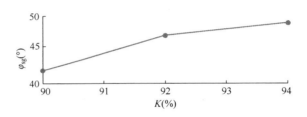

图 4-16 φ_{sg} - K 关系曲线

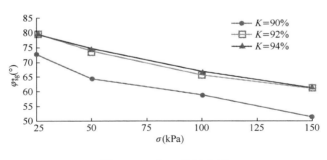

图 4-17 φ_{sg}^* - σ 关系曲线

2. 含水率的影响

由不同含水率下的拉拔试验结果得到的界面强度参数见表 4-13，图 4-18～图 4-20 直观地反映了含水率对这些强度参数的影响规律。

表 4-13　不同含水率下的界面综合摩擦角 φ_{sg}^{*} （°）

w （%）	c_{sg} (kPa)	φ_{sg} （°）	σ （kPa）			
			25	50	100	150
2				77.6		
3				79.8		
4.4	85.84	68.8	79.3	78.4	73.4	67.4
6.4	115.6	46.2	79.7	73.8	65.6	61.0
8.4	88.8	42.2	72.3	69.9	60.2	56.6
10.4	43.2	37.2	66.1	59.0	52.3	45.1

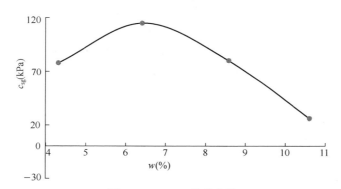

图 4-18　c_{sg}-w 关系曲线

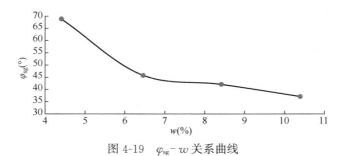

图 4-19　φ_{sg}-w 关系曲线

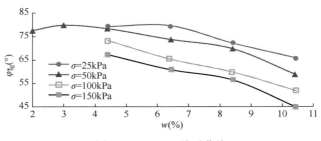

图 4-20　φ_{sg}^{*}-w 关系曲线

由图 4-18 可知，界面似黏聚力与含水率的曲线类似于细粒土的击实曲线，界面似黏聚力 c_{sg} 在最佳含水率（6.4％）时达到峰值，当含水率 w 小于最佳含水率时 c_{sg} 随 w 的增大而提高，当含水率 w 大于最佳含水率时 c_{sg} 随 w 的增大而下降。图 4-19 则表明，界面似摩擦角随含水率的增大而单调下降，下降的幅度随含水率的增大而减小。

图 4-20 所示是四种不同法向压力 σ 下界面综合摩擦角 φ_{sg}^* 与 w 的关系曲线。由图 4-20 可以看出，在 $w = 4.4\% \sim 10.4\%$ 范围内，σ 较大（50～150kPa）时，φ_{sg}^* 随 w 的增大而单调下降，而 σ 较小（25kPa）时，φ_{sg}^* 先随 w 的增大而提高，当 w 约为最佳含水率时 φ_{sg}^* 达最大值，之后 φ_{sg}^* 随 w 的增大而下降。为了进一步研究此现象，补做了 $\sigma = 50$kPa，$w = 2\%$，3％的拉拔试验，在 $w = 2\% \sim 10.4\%$ 范围内得到了类似于 $\sigma = 25$kPa 的 $\varphi_{sg}^* - w$ 曲线（图 4-20），但 $\sigma = 50$kPa 时的 φ_{sg}^* 峰值对应的含水率比 $\sigma = 25$kPa 的要小一些，为 3％（小于最佳含水率 6.4％）。由此可以推测，当法向压力 σ 小于某一临界值（设为 σ_c）时，$\varphi_{sg}^* - w$ 为驼峰曲线，且使 φ_{sg}^* 达到峰值的含水率（记为 w_c）随 σ 的增大而减小，直到 $\sigma \geqslant \sigma_c$ 后，$w_c = 0$，此时 $\varphi_{sg}^* - w$ 为单调下降曲线。

较小法向压力时 $\varphi_{sg}^* - w$ 为驼峰曲线的机理是：在含水率较小时，粗粒土由于边角毛细水作用而存在假黏聚力，这个假黏聚力起初随含水率的增加而增大，至含水率达一定值后又会随含水率的增加而减小，直至消失。所以在含水率较小时，粗粒土的粒间假黏聚力会随含水率的增加而提高，以致土工格栅拉拔时带动周围土颗粒发生移动的阻力也因此而增大，至土的含水率达到使假黏聚力达最大值时，拉拔阻力也达到峰值。随后，随含水率的继续增大，假黏聚力则不断减小，直至消失，拉拔阻力随之下降。当假黏聚力消失后，再增大含水率，相当于在土颗粒间增加了润滑液，也给土工格栅与土颗粒的接触面添加了润滑液。含水率越大，这两方面的润滑作用越大，所以拉拔阻力会随含水率的增加而迅速下降。可见，土工格栅-粗粒土的界面强度与含水率的变化规律由假黏聚力的大小和润滑作用的程度决定，前者使界面强度增大，后者使界面强度减小。界面黏聚力随含水率由小到大变化、先增加后减小的道理也是如此。

当法向压力较大时，上述假黏聚力对土工格栅-粗粒土界面强度的贡献所占比例甚微，可以忽略不计，界面强度仅由润滑作用控制，所以 φ_{sg}^* 随含水率 w 的增加而单调下降。

4.2 加筋影响带观测试验

4.2.1 试验目的及意义

合理的加筋土坡稳定性分析方法应能恰当地反映加筋机理，然而目前加筋机理还远没有研究清楚，所以对加筋机理的深入研究就显得十分重要。在这方面，包承纲提出了"间接影响带"理论[73]。他认为，土中的加筋材料不仅会在土与筋材的接触面上产生直接加筋作用，也会在接触面以外的一定范围内对土体产生一种间接加固作用，并称之为"间接影响带"，这里称之为"加筋影响带"。如第 1 章所述，包承纲[73]认为：筋材附近一定范围内的土会同时发生颗粒之间位置的调整或颗粒的破碎，使土的强度增大。这种土体强度的增大与筋材表面的糙度和结构、土的粒径和性质及所受的压力大小密切相关。土的粒径越大，筋材表面的糙度越高，外加压力越大，则这种影响的范围越大，间接加固作用也就越强。丁金华等[106]采用长江科学院的 DHJ60 大型拉拔试验装置完成的相关试验初步证明了加筋影响带的存在。为了进一步探讨加筋影响带厚度的主要影响因素及影响规律，采用改进的拉拔仪，通过直接观测筋材拉拔过程中筋–土界面及以上一定范围内土颗粒移动轨迹的方法，完成了土工格栅分别在不同级配粗粒土中的拉拔试验，初步得到了加筋影响带厚度与土的平均粒径 d_{50} 的统计关系，为提出考虑加筋影响带的加筋土坡稳定性分析方法奠定基础。

4.2.2 试验装置及加筋影响带观测方法

用于加筋影响带观测的试验仪器为定制的土工合成材料拉拔仪，对拉拔盒进行了专门的改造设计，与拉拔方向垂直的拉拔盒竖直剖面如图 4-21 所示。上盒的一侧为 15mm 厚有机玻璃，有机玻璃内壁粘贴透明坐标胶纸，用于观测土的位移；下盒的宽度大于上盒，其目的是让受拉拔的筋材伸出上盒底部之外，以便模拟加筋土体内部筋–土相互作用的情况。如果筋材不能伸

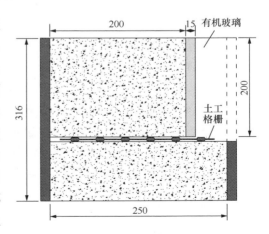

图 4-21 拉拔盒剖面图（单位：mm）

出上盒之外，则观测到的是筋材边缘部分筋-土相互作用的情况。边缘处的筋-土相互作用会弱于内部，特别是当筋材是网孔结构的土工格栅等材料时，由于边缘部分有非完整网孔的存在，更不能很好地反映内部情况。为了避免土中细颗粒从有机玻璃底边漏出，在有机玻璃底边粘贴一薄层海绵条，安装时使海绵与土工格栅轻轻接触。为了尽量避免土颗粒从位于拉拔盒正面的土工格栅拔出口带出，在拔出口内侧土工格栅的上、下表面处各放置一条土工布包裹的砂条。

　　试验时先按预定的密度在下盒中装填土料至与下盒顶面齐平，再放置宽度略小于下盒净宽的筋材，然后将上盒固定在下盒上。必要时在上、下盒的壁板接触面之间加薄垫片，保证上盒的有机玻璃底面粘贴的海棉条与筋材轻轻接触，避免接触过紧。在上盒中分层装填与下盒同样密度的相同土料，每填一层土，需在有机玻璃内侧的土中预定的位置埋设位移观测点。位移观测点系采用红色或蓝色导线，将金属线芯抽出后切成3～5mm长的小段，每段插入一根大头针（针尖以不外露为度），剪断导线外的多余部分而做成。埋设时，用镊子夹住导线小心地放

图4-22　位移观测点

置在预定位置，并与有机玻璃内壁贴紧，见图4-22。红色或蓝色的导线在土中容易发现，细小的大头针尖可保证足够的位移观测精度。本次试验采用肉眼直接观测，可估读到0.1mm。按上述方法准备好试样后，在预定的法向压力下实施拉拔试验，拉拔速率为1mm/min，每次总拉拔时长为90min，即拉拔位移达到90mm时终止试验。除仪器通过所联计算机自动记录拉拔曲线外，还在拉拔开始前、拉拔过程中和

试验终止后记录各位移观测点的纵、横坐标，得出各测点的位移，根据所有测点的移动轨迹判断加筋影响带的范围。

　　上述试验装置结构简单，操作方便，可直接观察在筋材的拉拔过程中筋-土界面及该界面以上土颗粒的移动情况，能直接证明加筋影响带的存在；位移观测精度可估读到0.1mm，对宏观研究来说观测精度可行。但加筋影响带的研究应达到细观的尺度，未来可考虑辅以数字图像等技术进行局部的细观观测，宏观与细观两种观测手段相结合，有望更准确地得到加筋影响带的范围。

4.2.3　试验方案及试验材料

　　根据张嘎和张建民[107,108]的研究成果，加筋影响带的厚度主要与筋材的结

构、粗糙度、土颗粒级配、法向压力等有关。本次试验采用一种土工格栅、六种级配的粗粒土，分别完成了 0、50kPa、100kPa 和 150kPa 共四种法向压力下的拉拔试验，并对加筋影响带进行了观测。

试验采用聚丙烯双向土工格栅，网孔净尺寸为 34.68mm×35.88mm，肋宽 3.88mm，厚 2.40mm。经拉伸试验测得其抗拉强度和抗拉刚度指标如表 4-14 所示。

表 4-14　土工格栅的力学指标[109]

破坏拉力（kN/m）		破坏应变（%）		2%应变拉力（kN/m）		5%应变拉力（kN/m）	
纵向	横向	纵向	横向	纵向	横向	纵向	横向
30.7	27.7	26.4	20.1	4.9	5.5	9.6	10.9

试验用的六种粗粒土均为风干土，它们的级配曲线如图 4-23 所示，试样装填密度见表 4-15。

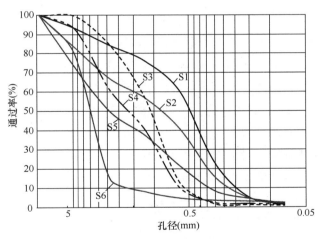

图 4-23　土的颗粒级配曲线[109]

表 4-15　试样的装填密度[109]

土样编号	S1	S2	S3	S4	S5	S6
装填密度（g/cm³）	1.62	1.59	1.47	1.50	1.56	1.67

4.2.4　试验结果及分析

图 4-24 是 S1 土样（黄砂）在法向压力为 50kPa 时观测到的土颗粒位移分布情况。为了直观，对图 4-24 中观测点初始位置的水平坐标做了微小调整，使其刚好位于整数刻度上，并使同一纵列观测点的初始位置处于同一竖直线上，观

测点在试验过程中或试验结束时的水平坐标做同步调整。土工格栅位于纵坐标为 $y=0$ 的水平面上，拉拔端的拉拔盒壁位于 y 轴处。其他试验结果与图 4-24 类似，不一一列出。观测结果表明，拉拔过程中水平位移较明显，离土工格栅近的土颗粒水平位移大，离得远的则小。

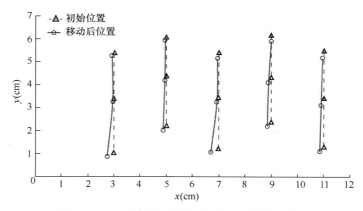

图 4-24 土工格栅的拉拔引起的土颗粒位移[109]

由图 4-24 可知，除靠近土工格栅的观测点外，以上各观测点移动后仍近似在一条直线上，根据试验数据经拟合得到不同试验条件下的该直线，其在本列测点初始位置线（图 4-24 中的虚线）上的截距即为单侧加筋影响带的厚度。以 5 列观测点得到的 5 个影响带厚度平均值作为该试验条件下单侧加筋影响带厚度（表 4-16），同一土样在三种或四种法向压力下得到的影响带厚度平均值则为该土样的单侧加筋影响带厚度 δ（表 4-16）。

表 4-16 单侧影响带厚度[109]（mm）

土样编号	平均粒径 d_{50}（mm）	法向压力（kPa）				平均影响带厚度 δ（mm）
		0	50	100	150	
1	0.60	35.9	30.8	26.3	22.8	29.0
2	0.83	34.0	39.9	34.2	32.8	35.2
3	1.05	44.1	37.3	39.8	37.8	39.8
4	1.65	44.3	42.5	34.7	—	40.5
5	2.40	42.9	41.5	47.7		44.0
6	3.45	54.9	44.3	48.2	—	49.1

注：表中"—"表示没有观测到有效数据。

从表 4-16 的数据可知，平均粒径最小的 S1 土，加筋影响带的厚度随法向压力的增大而减小，这印证了陈建峰等[110]用颗粒流模拟的土工格栅在砂土中影响带厚度的规律，即随着压力的增大，颗粒之间的摩擦力、颗粒咬合与筋材中的嵌锁力作用增强，影响带厚度有所减小。而对于较粗的其他五种土样，法向压力对影响带厚度的影响较小，张嘎[111]的试验也观察到了与此相同的现象。

将表 4-16 中单侧影响带平均厚度 δ 与土颗粒平均粒径 d_{50} 的关系绘在图 4-25 中，可见：当 $d_{50} < 1.05$mm 时，δ 随 d_{50} 的增大有较显著的增加；而当 $d_{50} > 1.05$mm 后，这种趋势明显减缓；特别是当 $d_{50} > 1.65$mm 后，二者几乎是线性递增的关系，其拟合直线 AB 的方程为式（4-13）。如果实际工程中采用 d_{50} 大于 1.65mm 的粗粒土，则可用下式估计土工格栅的影响带厚度：

$$\delta = 4.78d_{50} + 32.62 \tag{4-13}$$

式中，δ 和 d_{50} 的单位均为 mm。

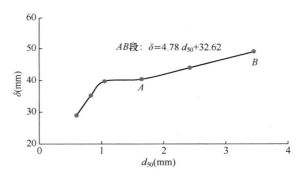

图 4-25　$\delta - d_{50}$ 关系曲线

由式（4-13）确定的土工格栅在粗粒土中的影响带厚度与张嘎等[108]的试验结果接近。张嘎等在钢板上粘贴土工布，采用平均粒径分别为 7.0mm 和 10.0mm 的粗粒土在大型直剪仪上完成了土工布与粗粒土间的界面作用试验，观测到界面影响带的厚度为土颗粒平均粒径 d_{50} 的 5～6 倍。

4.3　小　结

1）单向土工格栅在粗粒土中的拉拔曲线多为应变硬化型，宜采用拐点法破坏标准确定极限拉拔力。

2）土工格栅在粗粒土中达到拉拔破坏时的拉拔位移较大，土工格栅本身的伸长量也较大，在计算界面抗剪强度时应考虑土工格栅伸长量对土工格栅-土接触面积的影响。

3）单向土工格栅与新疆粗粒土的界面强度较高。界面综合摩擦角 φ_{sg}^* 一般不低于粗粒土的内摩擦角 φ，界面阻力系数可按下式估计：

$$f_{sg} = \xi \tan\varphi \quad (\xi = 0.9 \sim 1)$$

4）单向土工格栅-粗粒土界面的似黏聚力 c_{sg} 和似摩擦角 φ_{sg} 都随压实度的提高而增大，但增大的幅度随压实度的提高而减小。

5）单向土工格栅-粗粒土界面似黏聚力 c_{sg} 与含水率 w 呈驼峰曲线关系，约在最佳含水率 w_{op} 时 c_{sg} 达到峰值。当 $w < w_{op}$ 时，c_{sg} 随 w 的增加而提高；当 $w > w_{op}$ 后，c_{sg} 随 w 的增加而下降。界面似摩擦角 φ_{sg} 随含水率的增大而单调下降。界面综合摩擦角 φ_{sg}^* 随含水率变化的规律在法向压力较小时与 c_{sg} 相似，在法向压力较大时与 φ_{sg} 相似。

6）土工格栅加筋粗粒土中存在"加筋影响带"，当粗粒土的平均粗径 d_{50} 大于 1.65mm 时，加筋影响带的厚度与土颗粒平均粒径 d_{50} 成正比，单侧影响带厚度 δ 约为 $4.78d_{50} + 32.62$mm。

第 5 章 　土工格栅加筋粗粒土路堤
离心模型试验

对于加筋路堤结构，自重是主要荷载，且岩土体属非线性材料，若采用常规小比例物理模型试验，由于应力水平大大降低，导致结果失真，必须在模型试验中增大岩土体的自重应力，才能真正达到试验目的。土工离心模型试验是解决此问题的有效方法，它通过施加离心惯性力于小尺寸的模型土体结构上，使模型土体的应力达到实际工程中的水平。由于惯性力与重力绝对等效，且加速度不会改变土体和筋材的性质，模型与原型应力、应变相等，变形相似，破坏机理相同[112]。所以，不仅可以通过离心试验对 $1/n$ 缩尺的模型施加 ng （ g 为重力加速度）的加速度，以研究土工格栅加筋粗粒土路堤在工作荷载下的应力应变状态，还可以通过施加更大的惯性力使模型路堤达到极限状态，从而直接观测加筋路堤的破坏模式，是研究加筋土结构破坏机理的有效方法。苗英豪[113,114]、宋建正[115]、胡耘[116]、介玉新[16]、徐林荣[70]、杨锡武[117,118]、李波[119]、俞松波[120]等在这方面完成了有益的研究工作。

本书在上述研究成果的基础上对土工格栅加筋新疆粗粒土路堤开展了有针对性的离心模型试验研究，通过观测土体位移和土工格栅应变，分析其工作性状和破坏模式，为土工格栅加筋粗粒土路堤的设计和计算提供指导。

5.1　离心机的主要技术参数

试验采用长江科学院水利部岩土力学与工程重点实验室的 CKY－200 型多功能土工离心机（图 5-1），其主要参数如下：有效容量 200g－t；最大加速度 200g，无级调速，调速精度为 0.1g；最大有效半径为 3.75m；配置的模型箱尺寸（长×宽×高）有 100cm×100cm×100cm（三维模型箱）和 100cm×40cm×80cm（二维模型箱）两种。该离心机配置有机械手系统和抛填装置，能够实现土压力、水压力、孔隙水压力、应变、位移、温度及频率等参数的测试；可进行岩土工程施工动态过程的模拟；配置有高清照相系统，可以从旋转室顶部对运行中的模型进行拍照，通过照片数字化处理技术实现对土体在运转过程中的变形监测[112]。

图 5-1　CKY－200 多功能土工离心机

5.2　模型路堤的制作

5.2.1　模型路堤的尺寸

模型路堤以一段试验路堤（详见第 8 章）作为原型参照物，原型路堤坡高 10.67m，边坡坡率为 1∶0.75，采用 TGDG80HDPE 单向土工格栅加筋（其拉伸特性指标见表 5-1），土工格栅层距为 60cm，土工格栅长度大部分为 9m，路堤顶宽为 8.5m。

选用 1.0m×0.4m×0.8m（长×宽×高）的二维模型箱，其空间高度为 0.8m。考虑到模型顶部需要安装非接触式激光位移传感器，模型路堤最大高度按 0.65m 控制，取模型比例为 1∶25，缩尺后模型高度为 42.7cm，加筋长度为 36cm。

5.2.2　模型材料制备

1. 模型土工格栅

考虑到实际的加筋粗粒土坡中实测的筋材应变一般都不超过 2%，而在 0~2% 的应变范围内，筋材的拉力与拉伸应变可视为线性关系，因此模拟土工格栅的拉伸特性指标（抗拉刚度或抗拉强度）可按照筋材应变为 2% 时符合应变相似的原则来确定[121,122]。在应变相似的原则下，只要模型边坡在单位高度内的筋材拉力与原型的相等即可[123]。考虑到实际操作的可行性，通常可先按几何相似的要求选择模型土工格栅，并测出其抗拉特性指标，再根据模型土工格栅在应变为

2%时的抗拉强度，以模型边坡在单位高度内的筋材拉力与原型的基本相等为条件来确定模型路堤中的筋层间距。

由于土工格栅的肋条宽度、厚度、网孔尺寸都比较小，无法在几何尺寸上严格按照相似比进行缩尺处理。根据长江科学院的经验，选用聚酰胺网（尼龙纱窗）作为模型土工格栅，它具有正方形网孔结构，网孔宽度为 1.2mm。对尼龙纱窗进行了 6 个宽条试样的拉伸试验，测得其平均抗拉强度为 9N/m，2%和 5%伸长率的拉伸力分别为 0.87kN/m 和 2.51kN/m，详见表 5-1。

表 5-1　原型与模型土工格栅力学性能指标

项目	材料名称	拉伸强度 (kN/m)	伸长率 (%)	2%伸长率时拉伸强度 (kN/m)	5%伸长率时拉伸强度 (kN/m)
原型	TGDG80HDPE	86.5	10.9	25.8	50.2
模型	聚酰胺网	9.00	31.3	0.87	2.51

按上述应变相似的原则模拟原型路堤中的筋材设置，得到模型路堤中的筋层间距仅为 2cm，这不便于模型的制作和观测元件的埋设，因为模型土的最大粒径已达 2cm。如果提高模型土工格栅的抗拉强度，则可以使模型中的筋层间距增大，但难以找到这样的替代材料。根据土工格栅在土体中的实际应变水平，确定相应的每延米土工格栅拉力，在此基础上即可确定模型中土工格栅的竖向间距。所以，还是选用了如表 5-1 所示的尼龙纱窗作为模型土工格栅。在这种情况下，兼顾模型制作的可行性，分别按筋材层距 5cm、7.5cm 和 10cm 制作模型路堤。虽然这样的筋层间距不能与原型路堤相对应（不服从应变相似原则），筋材的抗拉强度弱于按应变相似原则确定的值，试验结果不能直接作为原型路堤定量评价的直接依据，但可以研究土工格栅加筋粗粒土路堤的破坏模式，因为较弱的筋材更容易使模型路堤达到破坏状态。

2. 模型土料

根据现有的试验研究成果[124]，当模型箱最小尺寸与土料特征粒径满足下式的关系时，可消除模型箱边界对试验结果的影响：

$$\left. \begin{array}{l} B_{min}/d_{max} > 13 \\ B_{min}/d_{50} > 60 \end{array} \right\} \tag{5-1}$$

式中，B_{min}——模型箱最小尺寸；

d_{max}——模型土料最大粒径；

d_{50}——模型土料平均粒径。

由于模型箱的最小尺寸为 40cm，所以确定模型土料的最大粒径不超过 20mm，平均粒径不超过 6.67mm。将原型路堤所用的 $2^{\#}$ 土中超过 20mm 的颗粒用 2～20mm 的颗粒等质量代换后得到模型土的级配曲线，如图 5-2 所示，其土颗粒的平均粒径为 5.8mm，满足模型填料的要求，故以此作为模型用土。模型土的最大干密度为 2.08g/cm³，最佳含水率为 5.3%。模型路堤按压实度 92% 控制，含水率为最佳含率。

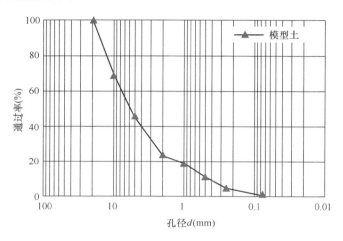

图 5-2　离心试验中模型土的级配曲线

3. 模型土工格栅与模型土的界面阻力系数

由于界面拉拔摩擦系数是筋-土界面上的剪应力与界面上的法向压力之比，而离心模型与原型的应力相似比为 1，所以模型土工格栅与模型土的界面阻力系数应与原型相等。经测定，上述模型土工格栅与模型土的界面阻力系数为 0.83，略小于原型（当法向压力分别为 100kPa 和 150kPa 时，原型界面阻力系数分别为 1.11 和 1.01，见表 4-10）。由于所有参数都满足相似比要求的替代筋材很难找到，所以界面阻力特性只能为近似模拟。

5.2.3　模型路堤的加筋方案

共设计了 4 组模型路堤，其中 1 组为不加筋的粗粒土路堤，3 组为加筋的粗粒土路堤，具体方案见表 5-2。

表 5-2　离心试验模型路堤方案

编号	土工格栅层距 (cm)	坡面形状	边坡高度 (cm)	边坡坡率	地基土厚度 (cm)
RS1	不加筋	倾斜平面			
RS2	5		42.7	1：0.75	10
RS3	7.5	反包形成台阶状			
RS4	10				

5.2.4　观测内容及方法

本次试验设定以下观测内容：

1）采用非接触式激光位移传感器观测模型路堤表面变形，包括坡肩处的坡顶沉降、坡脚处的地基沉降及坡面水平位移。

2）采用柔性位移计监测土工格栅的拉伸应变。

5.2.5　观测元件的布设和模型路堤的制作

为了实现对上述内容的观测，制定了各模型路堤的观测元件布设方案，如图 5-3～图 5-6 所示。

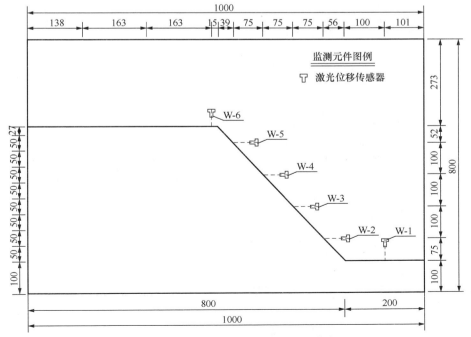

图 5-3　RS1 模型路堤观测元件布置图（单位：mm）

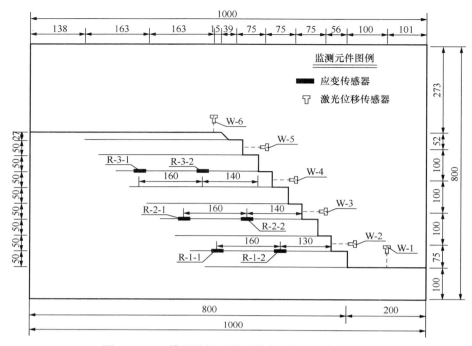

图 5-4　RS2 模型路堤观测元件布置图（单位：mm）

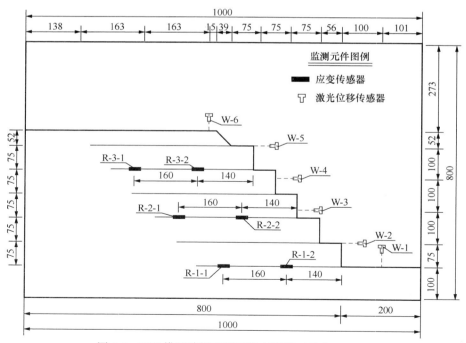

图 5-5　RS3 模型路堤观测元件布置图（单位：mm）

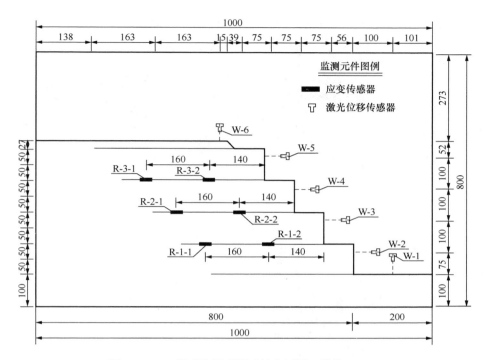

图 5-6 RS4 模型路堤观测元件布置图（单位：mm）

图 5-3～图 5-6 中土工格栅位移计的编号意义如下：R 表示柔性位移计，中间的数字表示位移计所在的监测层位，后面的数字表示测点位置。在每个断面上有 3 个土工格栅应变监测层，从下往上编号为 1、2、3，分别位于边坡高度方向的底部、中部和上部；每个监测层有 2 个监测点，从坡里向坡外依次编号为 1 点（由于距坡面较远，称为远坡点）和 2 点（因为距坡面较近，称为近坡点）。如编号为 R-1-2 的位移计，表示它位于 1 号土工格栅应变监测层的 2 号测点上，所测得的应变为路堤底部近坡点的土工格栅应变。

模型路堤采用水平分层方式填筑，分层厚度为 3～5cm，密度用体积法控制。如前所述，填筑含水率为 5.3%（最佳含水率），填筑干密度为 1.91g/cm³（压实度 92%）。填筑时，坡面以模板支撑。模型堤的正面设置了位移观测标志，但照片数字化处理出现一些问题，这项观测最终没有成功，但不影响本次试验目的的实现。模型路堤顶面放一块厚 8mm 的钢板模拟 15.6kPa 的车辆荷载（钢的重度×钢板厚度×相似比=78×0.008×25=15.6kPa）。图 5-7 所示是模型中的观测元件，图 5-8 所示是制作好的模型路堤。

(a)位移观测标志

(b)非接触式激光位移传感器

图 5-7　观测标志和观测元件

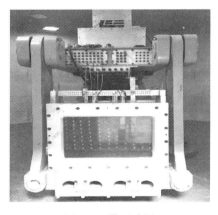

图 5-8　模型路堤

5.2.6　加载方案

加载过程分别模拟路堤填土施工阶段、运营阶段和破坏阶段,加载曲线如图 5-9 所示。

试验开始后,按图 5-9 所示的加载计划逐级增大加速度 a 到 25g(相当于路堤填到设计高度的自重荷载),模拟填土施工过程。10g 对应于使模型箱达到水平运转的起始速度。达到 10g 加速度后,运行 6min,再施加第 1 级加速度增量 10g,运行 6min,接着施加第 2 级加速度增量 5g,此时总加速度为 25g,到达运营阶段。25g 下运行 6min,以此模拟运营状态。此后进入破坏试验阶段,此阶段第 1 级加速度增量为 15g,运行 6min,第 2 级加速度增量为 20g,总加速度达 60g,运行 10min 以上。

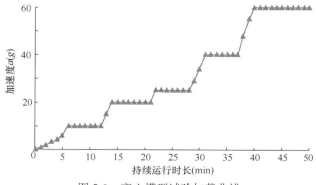

图 5-9　离心模型试验加载曲线

5.3　试验结果及分析

5.3.1　未加筋模型路堤的试验结果及分析

　　RS1 模型为未加筋路堤边坡。图 5-10（a～e）是离心机运转过程中高速照相机拍摄的一组动态照片，它们反映了边坡形态随加速度的增大而逐步发生变化的过程。图 5-10（f）是坡面破坏前后的轮廓简图。从图 5-10 可以看出，当加速度 $a=20g$ 时，坡面底部开始有土体松动滚落，此后，随着加速度的增大，坡面土体破坏范围逐渐向上方扩展，至 $a=40g$ 时整个坡面都有土体发生了滑落，同时破坏面也达到了稳定不动的状态。可以看到，$a=60g$ 时的坡面形态与 $a=40g$ 时基本没有区别。图 5-11 所示是试验前后模型路堤的静态情形。由图 5-10 和图 5-11 可知，没有加筋的粗粒土坡破坏面近似为圆弧形。

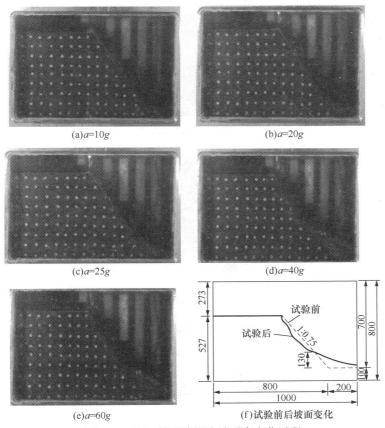

(a)a=10g　　　　　　　　　　　　　(b)a=20g

(c)a=25g　　　　　　　　　　　　　(d)a=40g

(e)a=60g　　　　　　　　　　(f)试验前后坡面变化

图 5-10　RS1 模型路堤边坡形态变化过程

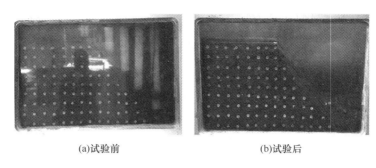

(a)试验前   (b)试验后

图 5-11 RS1 模型路堤边坡试验前后的情形

由于试验过程中坡面土体发生滑动破坏，所以表面（包括坡顶、坡脚和坡面）位移观测数据不是测点位移的真实反映，仅表明测点土体缺失或堆积的情况。由于没有实际意义，这里不予讨论。

5.3.2 加筋模型路堤的试验结果及分析

1. 试验前后的边坡形态

与没有加筋的模型路堤相比，从开始加载直到试验终止，三种不同加筋层距的模型路堤（RS2、RS3 和 RS4）都没有发生边坡的整体破坏，没有观察到穿过加筋层的整体滑动面。图 5-12 和图 5-13 分别是 RS2 模型路堤在试验前后的静态情形和试验过程中的动态情形，可以看到，试验前坡面台阶基本直立的侧面变成了斜面，原来棱角分明的台阶边缘已变为圆弧形，但坡体内部看不出变化情况。图 5-14 和图 5-15 分别是 RS4 模型路堤试验前的静态情形和试验过程中的动态情形，可以更明显地看到与 RS2 相同的现象。

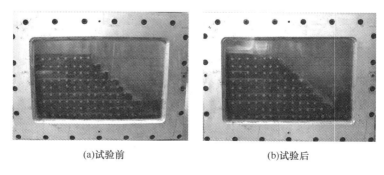

(a)试验前   (b)试验后

图 5-12 RS2 模型路堤试验前后的情形

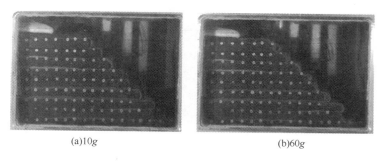

(a)10g　　　　　　　　　　　　　　　(b)60g

图 5-13　RS2 模型路堤试验过程中的动态情形

图 5-14　RS4 模型路堤试验前的情形

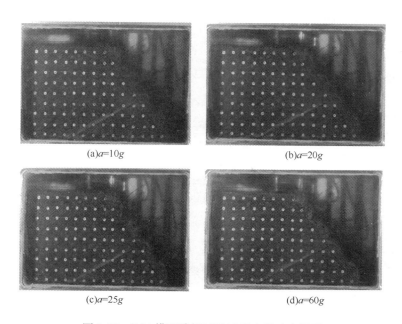

(a)a=10g　　　　　　　　　　　　　(b)a=20g

(c)a=25g　　　　　　　　　　　　　(d)a=60g

图 5-15　RS4 模型路堤试验过程中的动态情形

2. 坡体表面变形分析

图 5-16 和图 5-17 分别是 RS2 和 RS4 模型路堤表面变形监测曲线（注：RS3 模型在试验过程中固定激光传感器的支架可能松动，坡体表面位移监测数据失效）。

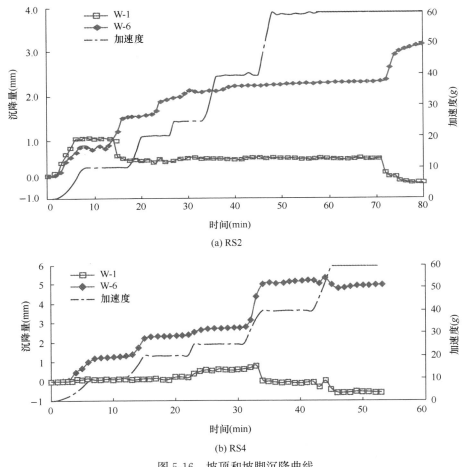

(a) RS2

(b) RS4

图 5-16　坡顶和坡脚沉降曲线

由图 5-16 可知，RS2 坡顶沉降比 RS4 的小，说明减小土工格栅层距可以降低坡顶沉降；坡脚地基在试验开始后就产生较小沉降，这是在离心惯性力的作用下地基土产生压缩的表现，至试验后期又会出现微量的隆起，主要由于路堤对地基的挤压造成。

从图 5-17 （a）看出，RS2 模型路堤坡面水平位移有正（向坡体内移动）有负（向坡外临空面移动），但量值都不大，最大正、负位移都在 5mm 左右，这是如上所述的坡面台阶发生了变形所致。由图 5-17 （b）可知，RS4 模型路堤坡面

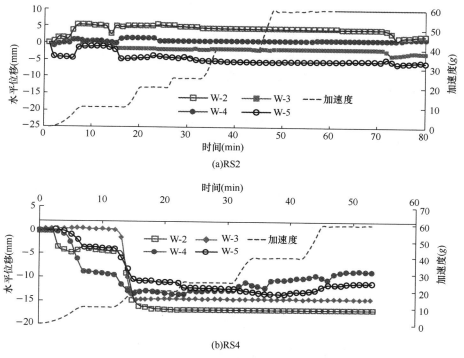

图 5-17 坡面水平位移曲线

测点位移基本都为负值，这可能是测点都位于台阶竖直侧面下部的缘故，每个台阶相当于一个小土坡（高度为土工格栅层距），台阶的破坏相当于这个小土坡发生了滑坡，台阶上部土体会下陷，下部土体会向边坡的临空面方向突出。尽管各测点测得的坡面负位移达到 10～17mm［图 5-17（b）］，但实际上仍是坡面台阶的破坏（参见图 5-15），坡体内部没有发生滑动。

综上所述，加筋模型路堤即使在加速度 $a=60g$ 时（这已相当于工作荷载的 2.4 倍）也不会出现穿过土工格栅层的整体滑动面，即通常假定的圆弧滑动现象并没有发生，这与沈珠江[71]的论断相符，也与介玉新[16]、张嘎[69]等的离心模型试验成果和徐林荣等[70]的普通模型试验成果一致。

3. 土工格栅拉伸应变分析

图 5-18～图 5-20 所示分别是 RS2、RS3 和 RS4 模型路堤中实测的土工格栅应变曲线，每个模型中安装了 3 层共 6 个土工格栅位移计（图 5-4～图 5-6），但 RS2 中的 R-2-1 位移计和 RS3 中的 R-3-2 位移计可能损坏，没有监测到有效数据，所以没有这两个点的土工格栅应变曲线。

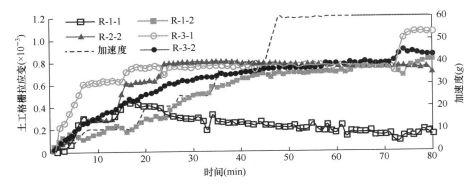

图 5-18　RS2 土工格栅应变曲线

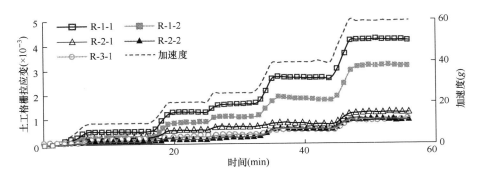

图 5-19　RS3 土工格栅应变曲线

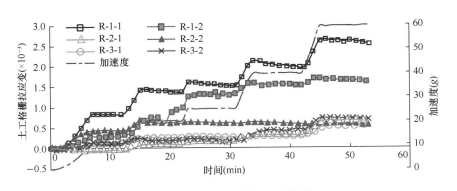

图 5-20　RS4 土工格栅应变曲线

参见图 5-18，总体上，RS2 模型路堤中各层土工格栅应变水平较低，为 0.001%～0.1%。在加速度 $a=25g$ 时，中部近坡点（R-2-2）应变最大，约为 0.08%，但此时除底部远坡点（R-1-1）外，各层土工格栅应变已相差不大；而

在 $a \geqslant 40g$ 以后，各测点土工格栅应变基本相等，这一现象与第 8 章的实测结果较接近。这说明土工格栅加筋粗粒土路堤在土工格栅层距较小时处于不同高度位置的土工格栅层承受的拉力趋近均匀化。R-1-1 测点（底层远坡点）的土工格栅应变在 $a = 10g$ 后随 a 的增大而下降，这可能是底层格栅末段出现了滑动所致。

原型路堤中实测的土工格栅应变大多在 $0.1\%\sim0.5\%$（见第 8 章），与此相比，模型中测得的土工格栅应变偏小，主要原因在于模型土工格栅很难完全达到与原型相似的要求，模型土工格栅与模型土的界面强度小于原型也是原因之一。但模型土工格栅应变与原型仍在一个量级内，模型的规律在定性上对原型适用。

RS2 模型与原型路堤最为接近，即使在加速度为 $60g$ 的荷载下（相当于工作荷载的 2.4 倍），土工格栅的应变都远小于设计标准，这说明试验路堤具有足够的安全性。

RS3 模型路堤中（参见图 5-19），土工格栅应变呈现出这样的规律，即底部比中部和上部明显要大，中部略大于上部。底部远坡点（R-1-1）土工格栅应变最大，$a = 25g$ 时为 0.16%，$a = 60g$ 时为 0.42%。

RS4 模型路堤中的土工格栅应变分布规律与 RS3 的相似，也是底部土工格栅应变明显大于中部和上部，而中部和上部土工格栅应变相差不大。底部远坡点（R-1-1）土工格栅应变最大，$a = 25g$ 时为 0.16%，$a = 60g$ 时为 0.26%，前者与 RS3 的相同，后者比 RS3 小，这可能与两个模型路堤中 R-1-1 测点所处位置不同有关，RS3 中的 R-1-1 测点位于坡底（参见图 5-5），而 RS4 中的位于坡底以上 10cm（参见图 5-6）。

为了更清晰地说明上述试验现象，图 5-21～图 5-23 分别给出了加筋模型路堤中各点测得的土工格栅应变与加速度的关系曲线。图 5-21 表明，RS2 模型路堤中，远坡点的土工格栅应变，上部大于下部；近坡点的土工格栅应变，中部最大，上部次之，底部最小。图 5-22 表明，RS3 模型路堤中，远坡点的土工格栅应变，底部明显大于中部和上部，中部略大于上部；近坡点的土工格栅应变，底部大于中部。由图 5-23 可知，RS4 模型路堤中，远坡点的土工格栅应变，底部明显大于中部和上部，而中部和上部很接近；近坡点的土工格栅应变，在加速度 $a < 20g$ 时，中部最大，上部最小，底部居中，但三者相差不大；$20g < a < 50g$ 时，底部最大，中部次之，上部最小；$a > 50g$ 后，底部仍最大，但上部略大于中部。

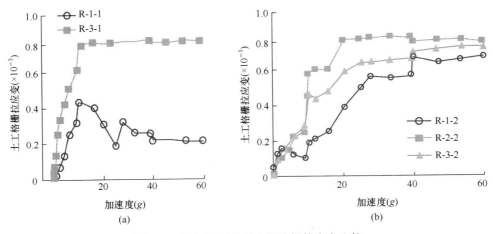

图 5-21　RS2 不同位置土工格栅拉应变比较

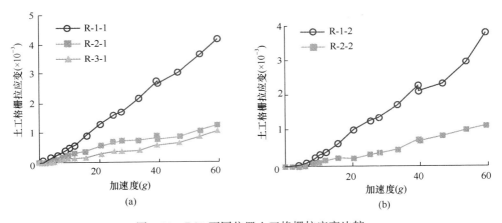

图 5-22　RS3 不同位置土工格栅拉应变比较

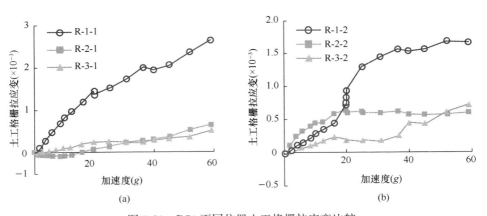

图 5-23　RS4 不同位置土工格栅拉应变比较

5.4　小　结

1）减小土工格栅层距可以降低土工格栅加筋粗粒土坡顶面的沉降。

2）工作荷载下，土工格栅加筋粗粒土坡模型路堤中各土工格栅层的应变水平很低，为 0.08%～0.16%。

3）土工格栅加筋粗粒土路堤在土工格栅层距较小时处于不同高度位置的土工格栅层承受的拉力趋近均匀化。

4）没有加筋的纯粗粒土路堤边坡的破坏面近似为圆弧形，而加筋粗粒土路堤边坡，即使加速度达 60g（相当于工作荷载的 2.4 倍），也不会出现穿过加筋层的整体滑动面，即通常假定的圆弧滑动面并没有发生。

5）离心模型试验结果表明，未加筋粗粒土边坡的破坏以突然垮塌的圆弧形滑动为主，加筋粗粒土边坡的破坏以坡面局部变形和土工格栅层间土的连续渐进变形为主。

第6章 加筋土坡的稳定性分析

6.1 极限平衡法的适用性和存在的问题

当前加筋土坡稳定性分析方法普遍基于极限平衡法理论[6,10]，其前提是假定筋材和土体同时达到极限状态，或者在一定荷载作用下的应力应变场中，筋材和土体具有相同的安全系数[6]。

最广泛的极限平衡法是早在 1989 年发布的加筋土结构设计和施工指南（FHWA NHI-89-050）中采用的方法（以下简称 FHWA 法），且一直沿用至今，目前已被多数国家采用或参照[10]。我国现行国标[85]和公路规范[86]中的计算方法都是基于 FHWA 法，只是安全系数的规定和材料参数取值上有些不同。

大量实测数据表明，加筋土结构中筋材的实测应变和拉力比设计值小得多，在工作荷载下，筋材的实际应变大都不超过 1%[2,10,125-127]，远小于设计控制应变 10%，说明以 FHWA 为代表的极限平衡法是偏保守的[6,10]，甚至严重保守[125]。其原因主要有以下几个方面：

1）设计是针对极限状态，此种假想状态下，土体发挥出全部抗剪强度，筋材达到设计拉力，而实测值是工作状态下的数据[7,10,15,125]。

2）设计中土的内摩擦角 φ 取值过低。实际结构为平面应变问题，但由于平面应变试验技术复杂[1]，目前均采用轴对称的直剪或三轴试验测定土的 φ 值，导致 φ 的取值偏低[1,15]。据研究，平面应变条件下测得的 φ 值比轴对称条件下测得的要高 $8\%\sim15\%$[1]。王钊[68]曾测得较低围压（20kPa）时密砂的平面应变内摩擦角比轴对称（三轴试验）内摩擦角大 $6°\sim8°$。这主要是由于中主应力 σ_2 的影响，因为在平面应变中，$\sigma_1 > \sigma_2 > \sigma_3$，故三个主应力之和 Θ' 比轴对称问题中（$\sigma_1 > \sigma_2 = \sigma_3$）的主应力之和 Θ 大[1]。

3）实测值包含了非饱和土基质吸力的影响，而设计条件下没有考虑。一定含水率的非饱和土，孔隙压力为负，使土存在表观黏聚力，它的存在可减小筋材发挥的实际拉力[7]。

4）筋材设计抗拉强度取值保守。筋材的设计抗拉强度是将筋材的极限抗拉强度经蠕变折减、老化折减和施工损伤折减等多重折减后得到的拉力值，综合折减系数一般为 $2\sim5$[86]，即筋材的设计抗拉强度只取了其极限值的 $1/5\sim1/2$。

5）FHWA 法[3] 及我国各行业的加筋土设计方法[85,86]在对加筋土坡进行内部稳定性分析时，对本已很保守的筋材设计抗拉强度又除以整体安全系数。实际上，在加筋土结构中，常常是土先发挥了其全部强度，筋材才开始起作用[6,7]，而设计中按照土和筋材同步发挥强度考虑，在将土的强度和筋材强度都除以大于 1 的安全系数（即加筋土坡整体安全系数）后，再计算筋材应提供的拉力[85,86]，这样实际上是重叠使用安全系数[23]，造成很大的浪费，以致工程实测筋材应变和拉力远小于设计值，常常为设计值的 $1/3 \sim 1/2$[6]。下面对此做进一步的说明。

以 FHWA 法为代表的极限平衡法，采用传统圆弧滑动法分析加筋土坡的稳定性，只不过分析时考虑了筋材拉力的作用。我国国家标准[85] 及现行公路设计规范[86]都是如此，且当筋材为土工格栅和土工织物等柔软满铺材料时，圆弧滑动面上每层筋材的位置作用着与滑动面相切的筋材拉力，于是加筋土坡的稳定安全系数由下式计算[85,86]：

$$F_s = F_{su} + \frac{M_R}{M_D} = F_{su} + \frac{NT_aR}{M_D} \qquad (6-1)$$

式中，F_s——加筋土坡的稳定安全系数；

F_{su}——未加筋时土坡的稳定安全系数；

M_R——筋材提供的抗滑力矩；

M_D——未加筋时土坡的滑动力矩；

N——加筋层数；

T_a——筋材的设计抗拉强度；

R——滑弧半径。

为了分析式（6-1）的实质，将其改写为[23]

$$N(T_a/F_s)R = M_D - M_D \frac{F_{su}}{F_s} \qquad (6-2)$$

上式右边第一项表示需要抵抗的滑动力矩，右边第二项为在要求的安全系数 F_s 下土体自身的抗滑力矩；等式左边为需要筋材承担的力矩，显然筋材的抗拉强度 T_a 是在除以加筋土坡的安全系数 F_s 后再参与分担荷载的[23]。李广信[23]指出了这其中存在的不合理性。因为现行规范[85,86]考虑筋材老化、蠕变和施工损伤等影响，要求在确定筋材的设计抗拉强度 T_a 时需将筋材的极限抗拉强度除以可能高达 6.0 或以上[23]（国家标准建议采用 $2.5 \sim 5.0$[85]）的折减系数，所以 T_a 本身是已经大打折扣之后的强度，属于容许抗拉强度，只要筋材实际所受拉力不超过 T_a 就行，而不必重复考虑安全系数。所以在理论上，规范方法是过于保守的[23]。

该方法实质上将筋材和土的作用分开考虑，没有从本质上考虑筋-土的相互作用，计算时与传统的圆弧条分法相同，需要事先假定滑动面的形状和位置。

加筋土结构按极限状态提出稳定性分析方法，这在理论上并没有什么问题[7,10,15]。包承纲等[10]指出，加筋土结构与一般结构一样，必须满足承载力极限状态，因此有必要估计极限状态下加筋土结构的性状，以了解最坏的工作条件。基于极限平衡的设计方法，如果以容许应力法的方式来表达，即求得极限状态下的应力，再与工作状态下的应力进行比较，前者除以后者就是安全系数。这样的方法已应用了许多年，有丰富的工程实践经验，经受了实际工程的检验，是成熟的方法[82]，且属于塑性理论的下限解，是偏于安全的[84]。Holtz[15]也持同样的观点，他指出，极限平衡法本身没有错，只不过需要以平面应变剪切试验测定土的内摩擦角 φ，而不能像通常所做的那样，采用轴对称条件的直剪或三轴试验来测定 φ，因为后一种方法严重低估了 φ 值，特别是在低围压的情况下。但由于推出便于工程中推广、简单易行的平面应变剪切仪目前还难以做到，所以这个问题还有待将来解决。Leshchinsky[7]也认为，极限平衡方法没有错，通常采用的土体 φ 值过于保守。他认为，满足 AASHTO 规定的粒料土，达到压实度标准后的 φ 值可达 50°，而 AASHTO 规定 φ 的取值不能超过 40°，没有实测值时建议取 34°。Leshchinsky[7]还指出，设计中不计非饱和土基质吸力是合理的，因为在极端情况下（如长时间降雨）土的吸力会消失，非极端情况下土的吸力对加筋土体稳定性的贡献则可作为安全储备。

要分析筋材设计抗拉强度取值的保守性，需从它的计算公式式（6-3）[86]说起。

$$T_a = \frac{T_{ult}}{RF} = \frac{T_{ult}}{RF_{CR} \cdot RF_D \cdot RF_{ID}} \tag{6-3}$$

式中，T_a——筋材的设计抗拉强度；

T_{ult}——筋材的极限抗拉强度；

RF——总折减系数；

RF_{CR}——蠕变折减系数；

RF_D——考虑微生物、化学、热氧化等影响的老化折减系数；

RF_{ID}——施工损伤折减系数。

可见，筋材设计抗拉强度是经过多次折减后得到的。下面分析这些折减系数的取值问题。

在 3 个折减系数中，一般来说，蠕变折减系数在工程设计中取值最大，对抗拉强度的取值影响也最大。工程实践中，通常蠕变折减系数取值过大，与实际不符。对 HDPE 土工格栅，FHWA 建议取 2.6～5.0[3]，我国公路规范建议取 1.5～

3.5[86]。目前各国规范中建议的蠕变折减系数过大，主要是因为规范建议值基于空气中蠕变试验的数据推算而来，而实际上筋材埋在土中，在土的约束下其蠕变比空气中要小得多[128]。大量实测数据表明，筋材的实测蠕变比设计预测的要小得多。

包承纲等[10]引述了奥地利、法国和捷克的几个实体工程，其观测数据都表明筋材的实际蠕变远小于设计值。

奥地利有一处采用极限平衡法设计的土工格栅加筋陡坡，坡高 13m，坡角 70°，土工格栅的极限抗拉强度为 45kN/m，铺设层间距为 0.5m。Aschauer 等[121]自 1996 年 9 月至 2005 年 3 月持续对该结构中土工格栅的拉伸应变进行了观测。2000 年 6 月（竣工后 4 年），实测格栅应变最大值达 3％左右，此后逐渐减小。格栅变形主要发生在施工期，最大应变位置随填土的增加向坡内移动。根据 8 年观测所得格栅应变与时间的关系，推算出运营 120 年时最大蠕变应变为 3.47％，远小于 15％的极限应变。这表明目前的加筋土结构设计过于保守，应考虑土工格栅与填土的相互作用，使设计更合理[121]。

法国 Saint Saturnin 的一座 PP 经编加筋带加筋土桥台，筋带的极限抗拉强度为 150kN/m，铺设层间距为 39cm。Nancey 等[129]采用光纤应变测头测得筋带沿其长度方向的应变分布，发现所有应变值都不大，且基本发生在施工期。竣工 1 年后，测得最大应变小于 0.9％，平均为 0.4％～0.5％。

据 Herle[130]报道，捷克 Mlcechvosty 有一段 PET 加筋带加筋土挡墙，墙高 9m，加筋带的抗拉强度为 30～70kN/m，铺设层间距为 0.75m。经 4 年测得筋带的应变为 0.22％～0.36％，由此计算出其实际拉力为设计值的 1/10～1/5。4 年中平均蠕变应变为 0.1％，第 1 年为 0.05％，以后每年约为 0.025％，据此推测 100 年后应变为 0.3％～0.5％。测得面板所受到的土压力随竣工时间而不断下降，刚竣工时比静止土压力大 25％，4 个月后下降至主动土压力值，1 年后又降至可忽略的程度。还有一处 PET 土工格栅加筋土挡墙，墙高 14m，分三级，自下往上各级挡墙内的土工格栅经向/纬向抗拉强度分别为 110/30kN/m、80/30kN/m 和 35/35kN/m。接近底部的土工格栅实测变形值远小于预测值，由实测变形规律推算出 100 年的应变将为 0.2％～0.6％。极限抗拉强度为 110kN/m 的土工格栅实测拉应力为 6kN/m，仅为极限强度的 5％。

杨广庆[2]对一高度为 12.2m、坡度为 1∶0.25 的反包式土工格栅加筋土挡墙的实测结果显示，土工格栅的应变为 0.1％～0.97％，据此计算出的土工格栅实际拉力仅相当于土工格栅极限抗拉强度的 2.5％～12.5％。筋材的实际应力水平远小于设计值，蠕变很小。在实测筋材应力远小于设计值的情况下，观测发现筋材拉伸应变在竣工后很快就达稳定状态[2]。杨广庆指出，这种情况下可以不考虑蠕变问题[2]。向前勇等[131]的无约束条件下的拉伸蠕变试验结果表明，HDPE 土工格栅在拉力为其极限抗拉强度的 10%、20%、30%时，外推 1×10^6h（114 年）的蠕变应变分别为 1.96%、5.92%、12.10%，当有土的约束时，蠕变必定还要小。如果以常用的 120 年应变不超过 5%作为蠕变控制标准[6]，由上述结果可以肯定，当 HDPE 土工格栅的实际应力水平低于 10%极限抗拉强度时，完全可以不考虑蠕变影响。

但也有一些加筋土工程在竣工后几个月发生了较大的水平变形，有可能是筋材蠕变引起的[1]。

我国公路规范[86]建议的老化折减系数为 1.1～2.0。李广信认为一般可取 1.1～1.2[6]，而杨广庆按欧洲标准进行的试验表明，HDPE 土工格栅的老化折减系数可取 1.0[132]。童军等[133]进行了 9 个月的户外老化试验，结果也表明 HDPE 土工格栅的强度没有下降。

施工损伤系数以现场试验确定最为可靠。在没有试验条件时，对于 HDPE 土工格栅在粗粒土中的施工损伤系数，公路规范[86]建议的范围为 1.2～1.6。

此外，李广信[6]还认为，实际上，上述 3 个折减系数的应用不尽合理。例如，这些系数是先将材料进行处理，取一段分别在拉伸机上拉伸，检验强度损失后确定的。由于损伤的随机性，选取的试样长度越大，包含最大损伤点的概率就越高，损伤折减系数也就越大。而实际的筋材在加筋土结构中的拉力为不均匀分布，最大拉力仅发生在破坏面处（亦即与滑动面相交处）。这就提出了以下问题：

1）筋材的损伤点恰巧发生在最大拉力（应变）处的概率有多大？

2）蠕变、施工损伤、老化损伤同时发生在最大拉力处的概率有多大？

3）3 个折减系数直接相乘，假设三者是不相关的。一般来讲，筋材的局部破损会在快速拉伸试验中引起局部的应力集中和损伤破坏，而荷载大大小于极限应力的蠕变试验对局部破损可能并不敏感。

4）对于蠕变而言，是在长期作用的恒定荷载条件下的变形问题，而结构物上的可变荷载，如车辆荷载、地震荷载，对材料蠕变的影响甚微，在考虑蠕变折减时不应计入可变荷载。

5）由于实测的应变很小，蠕变破坏的可能性很小。

虽然对于以 FWHA 为代表的加筋土坡极限平衡设计方法的保守性已形成共识[10]，但由于对加筋机理的认识还很有限[23]，许多问题还远没有研究清楚，工程中也发生了不少失败的案例[6-8,10,134]，事后分析和总结的原因也不尽相同。这说明有些可能的潜在危险因素现在还没有认识到，或虽有认识，但不够深入，还不能准确地定量表达。正因如此，出于安全考虑，目前的设计方法多数仍以 FH-WA 法为基本方法[10]。

除以 FHWA 为代表的设计方法外，还有其他一些方法，它们也是基于极限平衡理论，但在安全系数的规定和上述 3 个强度折减系数的取值上有些区别，不如 FHWA 法保守。

例如德国规范的双楔体（DIBT）法[87]，该法已成为欧洲标准。它不区分加筋土挡墙和加筋土坡，二者采用统一的设计方法，在分析加筋体的内部稳定性时，假定滑动面为两段折线（图 6-1）。滑动土体中，位于加筋区的土体为楔体Ⅰ，将楔体Ⅰ视为一刚性挡墙。挡墙后面土体中的滑动面位置按库仑主动土压力理论确定，墙后的滑动土楔为楔体Ⅱ。验算时，通过改变楔体Ⅰ底部的倾角及高度来进行不同破裂面的稳定性验算。楔体Ⅰ底部的滑动面除如图 6-1 那样考虑穿过筋材外，还考虑通过两层筋材间的土体和沿筋-土交界面的情况。这种方法不会遗漏最危险的滑动面，比 FHWA 法更严谨[10]。按此方法设计的加筋土结构比FHWA 法经济[2]，但计算工作量大，一般需借助专业软件完成[2]。

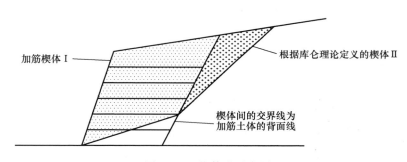

图 6-1　双楔体法示意图

英国 BS8006 法[135]也属于极限平衡法，但它采用荷载和抗力分项系数来评价安全性，而非容许应力法的整体安全系数。

比较发现[10]，当加筋土结构高度为 3m 时，最不经济的是 FHWA 法，它设计的筋材长度往往过大；低于 8m 时，最经济的设计方法是 BS8006 法；而大于8m 时，双楔体法最经济。

前已述及，我国的国标[85]和公路行业规范[86]中的加筋土设计方法与 FHWA法基本相同，只是在某些设计参数的选取上略有差别，虽然偏保守，但根据上面的分析，在理论研究有待深入和工程应用经验有待进一步积累的情况下，可以继续采用这样的计算方法。特别是新疆地区，加筋土坡工程的应用刚刚开始，采用稳妥的设计方法更有必要。

6.2 加筋粗粒土坡安全系数的简化算法
——均质土坡法

6.2.1 简化计算的意义

　　加筋粗粒土坡由于包含筋材的作用，与纯土坡相比，分析计算要复杂。特别是在设计阶段，要进行多种方案的比较和试算工作，计算量很大，手工计算对技术人员要求高，且效率较低，不便于推广，目前的工程设计中一般借助专业软件完成。

　　考虑到我国新疆等地区以砾石土为代表的粗粒土分布广泛，在公路建设中大量采用粗粒土填筑路基，同时现有的加筋土研究成果已表明，砾石土等粗粒土采用土工格栅加筋能获得良好的加筋效果[15,74]，且有良好的抗震性能[5]，所以在像新疆这样粗粒土分布广泛的地震高发区非常适于推广应用加筋路堤。相对简单、实用且安全可靠的加筋粗粒土坡设计方法将有助于这一推广目标的实现。基于此，借鉴李广信等[136]提出的关于加筋土应力应变计算的思路，将加筋粗粒土坡转化为无加筋的均质土坡，采用现行公路规范[86]推荐的简化 Bishop 法，经大量的计算和对比分析，得到了以等代均质土坡安全系数 F_s 计算单级和多级加筋粗粒土坡安全系数 F_{sg} 的经验公式，从而使设计计算工作大为简化，便于工程技术人员掌握和应用。

6.2.2 简化计算的理论基础

　　如图 6-2（a）、图 6-3（a）所示分别为单级和多级（以 3 级为例）加筋土路堤边坡，设这些加筋边坡中的筋材足够长，不会发生拔出破坏。根据 Yang[137] 关于加筋相当于增加了土体围压的观点，假设筋材所起的作用相当于对加筋区域的土体在边坡高度范围内附加了一个平均围压 $\Delta\sigma_3$，则 $\Delta\sigma_3$ 可按下式计算：

$$\Delta\sigma_3 = \sum_{i=1}^{N} T_{ai}/H \qquad (6\text{-}4)$$

式中，N——加筋层数；

　　　T_{ai}——第 i 层筋材设计抗拉强度，kN/m；

　　　H——坡高，m；

　　　$\Delta\sigma_3$——筋材施加于土体的平均围压，kPa。

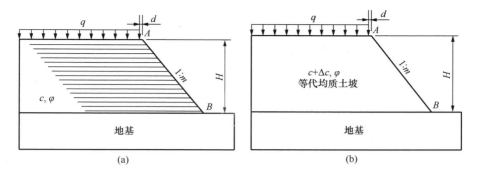

图 6-2　单级加筋土坡和等代均质土坡

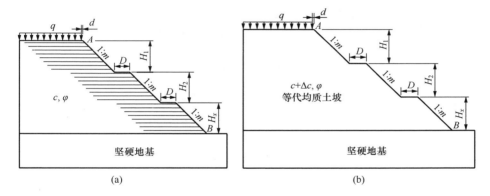

图 6-3　多级加筋土坡和等代均质土坡

根据准黏聚力原理[13]，$\Delta\sigma_3$ 的作用相当于使加筋区的土体黏聚力增加了 Δc，而内摩擦角不变。Δc 的大小由 $\Delta\sigma_3$ 确定，二者的关系可按以下方法推导出来。根据加筋区内土体的极限平衡条件，有

$$\sigma_1 = (\sigma_3 + \Delta\sigma_3)\tan^2(45° + \varphi/2) + 2c \cdot \tan(45° + \varphi/2)$$
$$= \sigma_3 \tan^2(45° + \varphi/2) + 2(c + \Delta c)\tan(45° + \varphi/2)$$

其中

$$\Delta c = \frac{1}{2}\Delta\sigma_3 \tan(45° + \varphi/2) \tag{6-5}$$

将式（6-4）代入式（6-5）得

$$\Delta c = \frac{\sum\limits_{i=1}^{N} T_{ai}}{2H} \tan(45° + \varphi/2) \tag{6-6}$$

这样，就把如图 6-2(a) 和图6-3(a)所示的加筋土坡分别简化成了如图 6-2(b)

和图 6-3(b) 所示的等代均质土坡。尽管均质土坡的稳定安全系数计算比加筋土坡简单得多，但计算结果表明，按黏聚力增加了由式（6-6）确定的 Δc、内摩擦角不变的均质土坡计算出的安全系数 F_{sj} 与加筋土坡的实际安全系数 F_{sg} 有较大差别。虽然如上所述的准黏聚力原理已提出许多年，但却一直没有在工程实践中推广应用。可以想象，F_{sg} 与 F_{sj} 必然存在某种对应关系，而这一关系必定与加筋土坡中土的黏聚力 c 和内摩擦角 φ 有关。虽然一般黏性土的 c、φ 值各自都不会超出一定的范围，但 c、φ 值的组合情况却千变万化，因此 F_{sg} 与 F_{sj} 的对应关系也会有无数种，难以归纳。但对于加筋粗粒土坡，可取 $c=0$，所以 $F_{sg} - F_{sj}$ 的关系与 c 无关，而 φ 的取值范围有限（详见 6.2.3 节），因此，归纳出 F_{sg} 与 F_{sj} 的对应关系就存在可能。正是基于这一想法，笔者完成了一系列加筋粗粒土坡安全系数 F_{sg} 和对应的等代均质土坡安全系数 F_{sj} 的对比计算，从而找到二者间的回归公式，达到了以 F_{sj} 计算 F_{sg} 的目的。

6.2.3　计算模型及参数

这里讨论单级坡和多级坡的情形。如图 6-2 所示，单级坡没有边坡平台，坡高 $H=4\sim50\text{m}$。如图 6-3 所示，多级坡自坡顶向下每隔 10m 高或 8m 高分级（分别简称为 10m 分级坡和 8m 分级坡），最下面一级的高度 $H_x=1\sim10\text{m}$（10m 分级坡）或 $1\sim8\text{m}$（8m 分级坡），所有边坡平台的宽度都为 $D=2\text{m}$，并且规定同一多级坡中每级边坡的坡率都为相同的 m 值。限于目前的理论水平、实践经验和加筋材料能达到的强度，现阶段在工程中推广应用的加筋粗粒土坡高度不宜太大。对 10m 分级坡仅讨论高度在 30m 以下（不超过 3 级）的情况，对 8m 分级坡仅讨论高度在 32m 以下（不超过 4 级）的情况。土工合成材料加筋层数为 N，筋层的具体布局将在下文中经分析后给出。

结合新疆的一般地基条件，假定加筋土路堤边坡建在坚固的地基之上，其破坏滑动面不会伸入地基中。路基填土为包括砾石土在内的粗粒土。根据第 2 章三种有代表性的新疆粗粒土大三轴试验结果和新疆地区以往的工程经验，并参考郭庆国[93]的大量砂砾石土大三轴试验结果和唐善祥[138]的建议，取粗粒土的黏聚力 $c=0$，内摩擦角 $\varphi=35°\sim40°$（对新疆典型粗粒土路基填料的大三轴试验表明，其 φ 值为 $41°\sim43°$，郭庆国[93]的大三轴试验得到的砂砾石 $\varphi=35°\sim45°$，但出于安全目的，工程设计中建议最大值不超过 40°，唐善祥[138]建议砾石土取 $\varphi=37°$），重度 $\gamma=21\text{kN/m}^3$。车辆荷载 q 按现行公路标准[139]中双车道 I 级汽车荷载考虑，$q=15.6\text{kPa}$，q 距离路肩外缘 0.5m 处开始布置。

加筋土坡和等代均质土坡的安全系数均按现行公路规范[86]推荐的简化 Bishop 法计算。滑动面为坡脚圆，其滑入口位于坡顶，滑出口位于坡脚 B 点。对于多级坡，还包含了从每级坡的坡脚滑出的情况。

考虑到规范[86,95]规定的容许安全系数一般为 1.25～1.45，所以仅对 $F_{sg} \in [1, 2]$ 的 F_{sg}-F_{sj} 关系进行讨论。因为，如果 $F_{sg} < 1$，则边坡在理论上都是不稳定的；如果 $F_{sg} > 2$，则安全系数过大，不经济，所以两种情况都没有实际意义。

6.2.4 F_{sg}-F_{sj} 关系的计算结果及分析

1. 筋层间距 S 和筋层拉力分配方案对 F_{sg}-F_{sj} 关系的影响

加筋土坡筋层间距 S 的大小要从土坡的安全性和经济性两方面考虑。从经济的角度，S 不宜小于路基填土的分层压实厚度，粗粒土的分层压实厚度一般都在 0.3m 以上；为保证加筋的有效性和加筋土坡的安全性，S 不宜大于 0.8m[86]，而要保证加筋土坡的抗震效果，S 不宜超过 0.6m[4,138]，因此仅在 $S = 0.3 \sim 0.8$m 范围内进行讨论。从实际出发，排除设计中不可能采用的疏密悬殊较大的筋层布局，即认为在边坡高度范围内以层间距 $S = 0.3 \sim 0.8$m 满布筋材，不留大段空白，以免发生滑动圆弧从坡面滑出的情况。

为了分析 S 对 F_{sg}-F_{sj} 关系的影响，对坡率 $m = 0.5$，0.75，1，坡高 $H = 10$m，$c = 0$，$\varphi = 37°$ 的几组单级加筋土坡，分别用简化 Bishop 法计算出 $S = 0.3$m，0.6m，0.8m 时不同筋材强度下的 F_{sg} 和对应的 F_{sj}，得到 F_{sg}-F_{sj} 关系曲线，如图 6-4 所示（为了清晰，图中只给出了 $m = 0.5$，1 的曲线）。由图 6-4 可知，在坡率 m 一定，$S = 0.3 \sim 0.8$m 时，F_{sg}-F_{sj} 关系曲线与 S 无关。

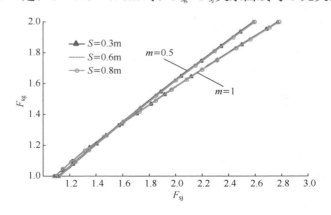

图 6-4　筋层间距 S 对 F_{sg}-F_{sj} 曲线的影响

为了研究筋层间的拉力分配方案对 F_{sg}- F_{sj} 关系的影响，对坡率 $m=1$，坡高 $H=10\text{m}$，30m，50m，$S=0.3\sim0.8\text{m}$ 组合出的多种单级加筋粗粒土坡，按规范[86]的建议，分别采用3种沿坡高分配筋层拉力的方案做对比计算：①按1个区均匀分配；②按大致等高的2个区分配，上、下区分别分担总拉力的 1/4 和 3/4；③按大致等高的3个区分配，上、中、下区分别分担总拉力的 1/6、1/3 和 1/2。计算结果表明，在上述条件下，同一加筋土坡，只要筋材的总拉力不变，最危险滑动面就是相同的（不因筋层间距不等或筋层拉力分配方案的不同而变化）。由此可推知，在上述条件下，F_{sg} 和 F_{sj} 都与筋层间距 S 的大小和筋层间拉力分配方案无关，具体分析如下。

根据规范[86]给出的加筋土坡安全系数计算方法，每层筋材的作用相当于在该层筋材与圆弧滑动面相交处提供一个与滑动面相切的拉力，其大小为该层筋材的设计抗拉强度 T_{ai}。于是，加筋土坡的稳定安全系数可由下式确定[86]：

$$F_{sg} = F_{su} + \frac{M_R}{M_D} = F_{su} + \frac{R\sum_{i=1}^{N} T_{ai}}{M_D}$$ （6-7）

式中，F_{sg}——加筋土坡的稳定安全系数；

$\quad\ F_{su}$——不考虑筋材作用时土坡的稳定安全系数；

$\quad\ M_R$——筋材提供的抗滑力矩；

$\quad\ M_D$——不考虑筋材作用时土坡的滑动力矩；

$\quad\ R$——滑弧半径；

其他符号意义同前。

因为滑弧相同，所以式（6-7）中的 F_{su}、M_D、R 都为定值，因此 F_{sg} 只与筋材的总拉力 $\sum T_{ai}$ 有关。也就是说，当 S 在 $0.3\sim0.8\text{m}$ 间变化，并且筋层的拉力大致按规范[86]的建议分配时，只要筋材总拉力 $\sum T_{ai}$ 相等，则安全系数 F_{sg} 就相等。由此可知，在 $S=0.3\sim0.8\text{m}$ 的前提下，在计算 F_{sg} 时，每层筋材的设计抗拉强度可取相同值，这对计算结果没有影响。而此时，F_{sg} 只与筋材层数 N 有关，而与筋层的布局无关，即与筋层是否等间距无关，也与筋层间距大小无关。

等代均质土坡中，均质土的黏聚力 $c=\Delta c$，内摩擦角 φ 与粗粒土的相同。由式（6-6）可知，当坡高 H 一定时，Δc 的大小也仅与筋材总拉力 $\sum T_{ai}$ 有关。所以，在筋材总拉力不变的情况下，等代均质土坡的安全系数 F_{sj} 也与筋层布局和各层筋材的抗拉强度无关。

由上述分析可知，当 $S=0.3\sim0.8\text{m}$、筋层间的拉力大致按规范[86]的建议分配时，对于坡高 H、坡率 m、内摩擦角 φ 和重度 γ 都一定的加筋粗粒土坡，F_{sg}- F_{sj} 关系式仅与筋材总拉力 $\sum T_{ai}$ 有关。因此，在下面的计算中，筋层的拉力都采用均匀分配方案，各层筋材的设计抗拉强度都取相同值 T_a；采用统一的筋层布局，顶层筋材铺设于坡顶以下 0.7m（公路工程中加筋粗粒土坡顶层筋材一般铺设于路面结构层底面或上路床底面，距路面标高一般约为 0.7m，此值的大小不影响 F_{sg}- F_{sj} 的关系），首层筋材以下都以 0.6m 的等间距布设，但路堤底面不铺设筋材，因为地基是坚固的。图 6-2（a）和图 6-3（a）所示的加筋土坡，最危险滑动面的出口位于坡脚 B（多级坡最危险滑动面的出口也可能位于 B 点以上某级坡的坡脚），铺于路堤底面的筋材将因其没有跨过滑动面而不能发挥抗拉作用，对安全系数没有贡献。另外，假定锚固力足够，边坡不发生拔出破坏[95]。

2. 坡高 H 对 F_{sg}- F_{sj} 关系的影响

为了探寻坡高 H 对 F_{sg}- F_{sj} 关系的影响，先选取边坡坡率 $m=1$、粗粒土的内摩擦角 $\varphi=37°$ 的单级加筋土坡进行考察，分别计算了坡高 $H=4\text{m}$，5m，6m，8m，10m，12m，14m，16m，18m，20m，30m，50m 的加筋粗粒土坡的 F_{sg} 值和对应的 F_{sj} 值。比较发现，这些不同坡高的加筋粗粒土坡，计算得到的 F_{sg}- F_{sj} 曲线几乎完全重合。为了清晰起见，现以坡高 $H=10\text{m}$ 的 F_{sg}- F_{sj} 曲线为参照，将几种典型坡高的 F_{sg}- F_{sj} 曲线分别与 $H=10\text{m}$ 的进行对照，如图 6-5 所示。随后，笔者还分别对 $m=0.5$，0.75，$\varphi=35°$，$36°$，$40°$，坡高 $H=4\sim50\text{m}$ 的多种组合工况下的单级坡做了与上述相同的计算，得到了与上述相同的结论。因此，可以认为在坡率 m 和粗粒土内摩擦角 φ 一定时，单级坡的 F_{sg}- F_{sj} 关系与坡高 H 无关。

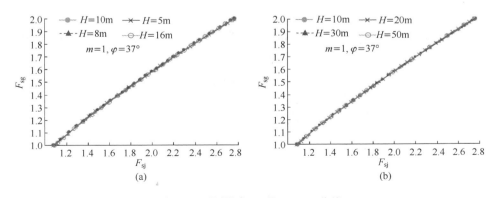

图 6-5　不同坡高 H 的 F_{sg}- F_{sj} 曲线

3. 重度 γ 对 F_{sg}-F_{sj} 关系的影响

为了研究粗粒土的重度 γ 对 F_{sg}-F_{sj} 关系的影响，对坡率 $m=0.5$，1，坡高 $H=10\text{m}$，$\varphi=37°$，$\gamma=18\text{kN/m}^3$，21kN/m^3，25kN/m^3 几种情况下的单级坡分别进行计算，得到了如图 6-6 所示的 F_{sg}-F_{sj} 曲线。由图 6-6 可知，当粗粒土的重度 γ 分别为 18kN/m^3，21kN/m^3，25kN/m^3 时，F_{sg}-F_{sj} 曲线重合。而路基中压实后的粗粒土，其重度 γ 一般为 $18\sim25\text{kN/m}^3$，所以可以认为 γ 对 F_{sg}-F_{sj} 的关系没有影响。

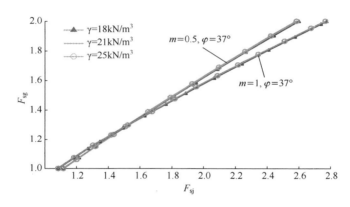

图 6-6 不同重度 γ 的 F_{sg}-F_{sj} 曲线

4. 内摩擦角 φ 对 F_{sg}-F_{sj} 关系的影响

为了考察粗粒土的内摩擦角 φ 对 F_{sg}-F_{sj} 关系的影响，对于单级坡，对坡高 $H=4\text{m}$，10m，30m，50m，坡率 $m=0.5$，0.75，1 的组合工况，分别计算了 $\varphi=35°$，$36°$，$37°$，$40°$ 的 F_{sg} 与 F_{sj}，发现 $\ln F_{sg}$-$\ln F_{sj}$ 呈良好的直线关系。图 6-7 给出了代表性的计算结果。由图 6-7 可以看出，对于坡率 $m=0.5$，1 的两种边坡，$\varphi=35°\sim37°$ 的 $\ln F_{sg}$-$\ln F_{sj}$ 曲线基本重合，但 $\varphi=40°$ 的 $\ln F_{sg}$-$\ln F_{sj}$ 曲线位置却略有不同，$m=0.5$ 时后者位于前者的右下方，$m=1$ 时后者位于前者的左上方。这说明 $m=0.5$，1 时 φ 对 F_{sg}-F_{sj} 的关系有一定影响。但 $m=0.75$ 时，$\varphi=35°$，$36°$，$37°$，$40°$ 的 $\ln F_{sg}$-$\ln F_{sj}$ 曲线几乎完全重合，说明 φ 对 F_{sg}-F_{sj} 曲线的关系影响很小。

以上计算均以单级坡为研究对象。对两种多级加筋土坡分别完成了与上述单级加筋土坡类似的计算，也得到了完全相似的结论，即多级坡也存在与图 6-5～图 6-7 完全相似的规律，只不过由于多级坡的实际坡率（用平均坡率 m_a 表示）与

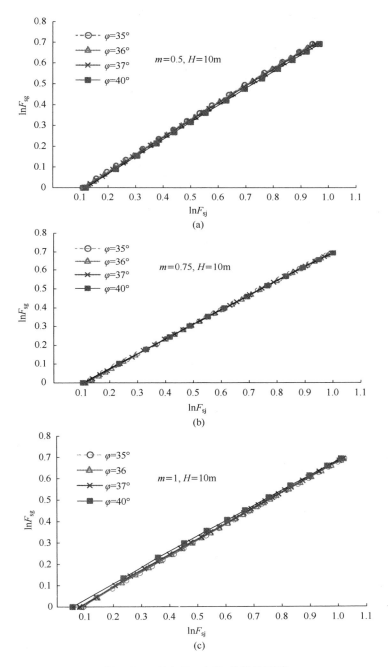

图 6-7　φ 对 $\ln F_{sg}$ - $\ln F_{sj}$ 曲线的影响

每级边坡的坡率值 m 和边坡总高度 H 有关，所以当 $S=0.3\sim0.8\mathrm{m}$、筋层间拉力大致按规范[86]的建议分配时，其 F_{sg}-F_{sj} 关系虽然也与粗粒土的重度 γ、筋层间距 S 和筋层间的拉力分配方案无关，但在形式上多级坡的 F_{sg}-F_{sj} 关系除与 m 和 φ 有关外，还与坡高 H 有关。

6.2.5 均质土坡法的计算公式

1. 公式的基本形式

由图 6-7 可知，不同 φ 值下的 $\ln F_{sg}$-$\ln F_{sj}$ 直线基本平行，所以如果以 $\varphi=36°$ 的 $\ln F_{sg}$-$\ln F_{sj}$ 线为基准，只要将 $\varphi=36°$ 的 $\ln F_{sg}$-$\ln F_{sj}$ 线沿图 6-7 中的纵轴平移一定值（记为 Δ），就可得到其他 φ 值下的 $\ln F_{sg}$-$\ln F_{sj}$ 线。于是，可以分两步确定任意 φ 值（限 $\varphi=35°\sim40°$）的 F_{sg}-F_{sj} 关系式：先找出 $\varphi=36°$ 时 F_{sg}-F_{sj} 的回归公式，再确定出不同 φ 值下的 Δ 值。为了区别，将 $\varphi=36°$ 的加筋粗粒土坡安全系数记为 F_{sg0}，并设

$$\ln F_{sg0} = a\ln F_{sj} - b \qquad (6\text{-}8)$$

于是，有

$$\ln F_{sg} = \ln F_{sg0} + \Delta \qquad (6\text{-}9)$$

综合式（6-8）和式（6-9），有

$$F_{sg} = \exp(\Delta)F_{sj}^{a}/\exp(b) \qquad (6\text{-}10)$$

以上式中，F_{sg}——$\varphi\neq36°$ 的加筋粗粒土坡安全系数；

$\qquad\qquad F_{sg0}$——$\varphi=36°$ 的加筋粗粒土坡安全系数；

$\qquad\qquad F_{sj}$——等代均质土坡的安全系数；

$\qquad\qquad a,b$——待定系数，由 $\varphi=36°$ 的 $\ln F_{sg0}$-$\ln F_{sj}$ 回归方程确定；

$\qquad\qquad \Delta$——近似平行的直线 $\ln F_{sg}$-$\ln F_{sj}$ 和 $\ln F_{sg0}$-$\ln F_{sj}$ 在纵轴（$\ln F_{sg}$ 轴）方向的平行差。

下文分别讨论如何确定 a、b 和 Δ 值。

2. a、b 值的确定

（1）单级坡的 a、b 值

根据前面的分析，单级坡的 a、b 只与坡率 m 和粗粒土的内摩擦角 φ 有关。基于此，分别按 $m=0.5$，0.75，1 的三种坡率，取 $H=10m$，$\varphi=36°$，$\gamma=21kN/m^3$ 的计算数据作 $\ln F_{sg0}$-$\ln F_{sj}$ 的线性回归分析，得到的拟合曲线如图 6-8 所示，不同坡率时的回归系数 a、b 如表 6-1 所示。三种 m 值下 $\ln F_{sg0}$ 与 $\ln F_{sj}$ 的决定系数 R^2 均接近 1（表 6-1），可见二者相关性非常高。

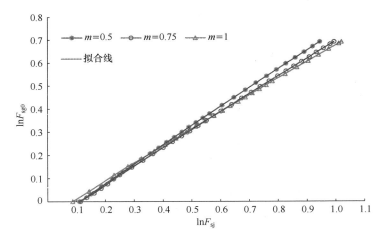

图 6-8　$\ln F_{sg0} - \ln F_{sj}$ 曲线

表 6-1　单级坡的 a、b 值

m	a	b	R^2
0.5	0.8276	0.0868	0.9999
0.75	0.7840	0.0836	0.9998
1	0.7368	0.0558	0.9998

（2）多级坡的 a、b 值

由于多级坡的 $F_{sg0} - F_{sj}$ 关系与坡高 H 有关，因此先后按 $m = 0.5$，0.75，1 的三种坡率，取 $\varphi = 36°$，$\gamma = 21\text{kN/m}^3$，分别对坡高 $H = 11\text{m}$，12m，$\ldots$，30m（10m 分级坡）和 $H = 9\text{m}$，10m，$\ldots$，32m（8m 分级坡）的多级坡进行计算，得到每一个多级坡的 $F_{sg0} - F_{sj}$ 数据后，再对 $\ln F_{sg0} - \ln F_{sj}$ 作线性回归分析（图 6-9 是代表性的 $\ln F_{sg0} - \ln F_{sj}$ 关系曲线），得到不同情况下的拟合常数 a、b，分别列于表 6-2 和表 6-3 中。表中，m_a 为平均坡率，按下式计算：

$$m_a = m + nD/H = m + n \times 2/H \tag{6-11}$$

式中，m_a——平均坡率；

　　D——边坡平台宽度，$D = 2\text{m}$；

　　n——边坡平台数量；

　　H——边坡高度，m。

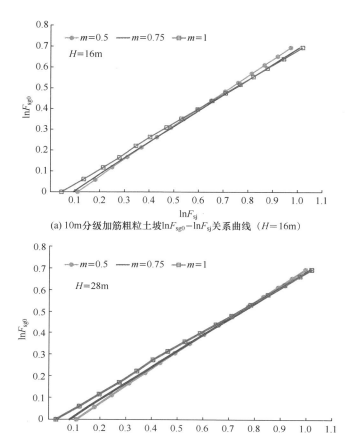

(a) 10m分级加筋粗粒土坡$\ln F_{sg0}-\ln F_{sj}$关系曲线（$H=16$m）

(b) 8m分级加筋粗粒土坡$\ln F_{sg0}-\ln F_{sj}$关系曲线（$H=28$m）

图 6-9　10m 和 8m 分级加筋粗粒土坡 $\ln F_{sg0}-\ln F_{sj}$ 关系曲线

表 6-2　10m 分级坡 a、b 值一览表

$m=0.5$ 时									
H（m）	11	12	13	14	15	16	17	18	19	20
m_a	0.6818	0.6667	0.6538	0.6429	0.6333	0.6250	0.6176	0.6111	0.6053	0.6000
a	0.7914	0.7912	0.7928	0.7971	0.7974	0.8018	0.8076	0.8102	0.8121	0.8141
b	0.1090	0.1023	0.0916	0.0867	0.0871	0.0844	0.0849	0.0872	0.0855	0.0843
H（m）	21	22	23	24	25	26	27	28	29	30
m_a	0.6905	0.6818	0.6739	0.6667	0.6600	0.6538	0.6481	0.6429	0.6379	0.6333
a	0.7935	0.7946	0.7968	0.7975	0.8001	0.8032	0.8045	0.8063	0.8094	0.8103
b	0.0995	0.0936	0.0898	0.0898	0.0873	0.0857	0.0872	0.0853	0.0850	0.0864

					$m=0.75$ 时					
H (m)	11	12	13	14	15	16	17	18	19	20
m_a	0.9318	0.9167	0.9038	0.8929	0.8833	0.8750	0.8676	0.8611	0.8553	0.8500
a	0.7408	0.7426	0.7473	0.7511	0.7503	0.7539	0.7577	0.7583	0.7616	0.7647
b	0.0833	0.0762	0.0693	0.0656	0.0656	0.0645	0.0645	0.0662	0.0661	0.0667
H (m)	21	22	23	24	25	26	27	28	29	30
m_a	0.9405	0.9318	0.9239	0.9167	0.9100	0.9038	0.8981	0.8929	0.8879	0.8833
a	0.7388	0.7445	0.7480	0.7482	0.7514	0.7542	0.7535	0.7569	0.7587	0.7584
b	0.0696	0.0675	0.0655	0.0651	0.0644	0.0638	0.0640	0.0643	0.0637	0.0649

					$m=1$ 时					
H (m)	11	12	13	14	15	16	17	18	19	20
m_a	1.1818	1.1667	1.1538	1.1429	1.1333	1.1250	1.1176	1.1111	1.1053	1.1000
a	0.6969	0.7019	0.7058	0.7090	0.7090	0.7129	0.7175	0.7168	0.7215	0.7244
b	0.0425	0.0385	0.0330	0.0303	0.0305	0.0308	0.0318	0.0331	0.0348	0.0362
H (m)	21	22	23	24	25	26	27	28	29	30
m_a	1.1905	1.1818	1.1739	1.1667	1.1600	1.1538	1.1481	1.1429	1.1379	1.1333
a	0.6866	0.7054	0.7089	0.7077	0.7102	0.7123	0.7123	0.7148	0.7168	0.7181
b	0.0219	0.0309	0.0302	0.0289	0.0283	0.0280	0.0290	0.0295	0.0300	0.0318

注：曲线拟合时剔除了 $H=21$m 的 a、b 数据，这样 a、b 与 m_a 的相关性更好。

表6-3 　8m 分级坡 a、b 值一览表

					$m=0.5$ 时			
H (m)	9	10	11	12	13	14	15	16
m_a	0.7222	0.7000	0.6818	0.6667	0.6538	0.6429	0.6333	0.6250
a	0.7717	0.7670	0.7771	0.7816	0.7927	0.7937	0.7920	0.7982
b	0.1079	0.0863	0.0790	0.0814	0.0822	0.0777	0.0793	0.0788
H (m)	17	18	19	20	21	22	23	24
m_a	0.7353	0.7222	0.7105	0.7000	0.6905	0.6818	0.6739	0.6667
a	0.7708	0.7709	0.7757	0.7811	0.7819	0.7863	0.7904	0.7897
b	0.0856	0.0846	0.0809	0.0786	0.0798	0.0782	0.0774	0.0788
H (m)	25	26	27	28	29	30	31	32
m_a	0.7400	0.7308	0.7222	0.7143	0.7069	0.7000	0.6935	0.6875
a	0.7704	0.7766	0.7747	0.7789	0.7830	0.7823	0.7871	0.7894
b	0.0833	0.0820	0.0807	0.0795	0.0786	0.0788	0.0788	0.0778

$m=0.75$ 时							
H （m）	9	10	11	12	13	14	15	16
m_a	0.9722	0.9500	0.9318	0.9167	0.9038	0.8929	0.8833	0.8750
a	0.7389	0.7355	0.7397	0.7431	0.7487	0.7535	0.7543	0.7568
b	0.0852	0.0652	0.0587	0.0606	0.0597	0.0596	0.0625	0.0619
H （m）	17	18	19	20	21	22	23	24
m_a	0.9853	0.9722	0.9605	0.9500	0.9405	0.9318	0.9239	0.9167
a	0.7381	0.7353	0.7395	0.7434	0.7438	0.7475	0.7512	0.7518
b	0.0646	0.0607	0.0583	0.0569	0.0577	0.0577	0.0581	0.0597
H （m）	25	26	27	28	29	30	31	32
m_a	0.9900	0.9808	0.9722	0.9643	0.9569	0.9500	0.9435	0.9375
a	0.7380	0.7384	0.7382	0.7408	0.7446	0.7450	0.7474	0.7503
b	0.0614	0.0577	0.0572	0.0562	0.0567	0.0575	0.0572	0.0575

$m=1$ 时							
H （m）	9	10	11	12	13	14	15	16
m_a	1.2222	1.2000	1.1818	1.1667	1.1538	1.1429	1.1333	1.1250
a	0.6595	0.6945	0.7002	0.7026	0.7088	0.7137	0.7143	0.7190
b	0.0256	0.0273	0.0218	0.0228	0.0243	0.0257	0.0285	0.0305
H （m）	17	18	19	20	21	22	23	24
m_a	1.2353	1.2222	1.2105	1.2000	1.1905	1.1818	1.1739	1.1667
a	0.6740	0.6962	0.7000	0.7035	0.7064	0.7084	0.7121	0.7114
b	0.0075	0.0214	0.0200	0.0191	0.0219	0.0215	0.0230	0.0236
H （m）	25	26	27	28	29	30	31	32
m_a	1.2400	1.2308	1.2222	1.2143	1.2069	1.2000	1.1935	1.1875
a	0.6734	0.7006	0.6988	0.7021	0.7049	0.7053	0.7093	0.7113
b	0.0029	0.0201	0.0183	0.0184	0.0186	0.0195	0.0212	0.0217

注：曲线拟合时剔除了 $H=25$m 的 a、b 数据，这样 a、b 与 m_a 的相关性更好。

为了方便计算和应用，根据表 6-2 和表 6-3 中的数据，按边坡的级数 [10m 分级坡有 2 级（$H=11\sim20$m）和 3 级（$H=21\sim30$m），8m 分级坡有 2 级（$H=9\sim16$m）、3 级（$H=17\sim24$m）和 4 级（$H=25\sim32$m）]，分别对 a、b 与平均坡率 m_a 的关系作拟合分析（图 6-10 是代表性的拟合曲线），得到如下拟合公式：

$$\left.\begin{array}{l} a = A_1 \cdot m_a^3 + A_2 \cdot m_a^2 + A_3 \cdot m_a + A_4 \\ b = B_1 \cdot m_a^3 + B_2 \cdot m_a^2 + B_3 \cdot m_a + B_4 \end{array}\right\} \tag{6-12}$$

式中，$A_1 \sim A_4$，$B_1 \sim B_4$——拟合常数，见表 6-4 和表 6-5。

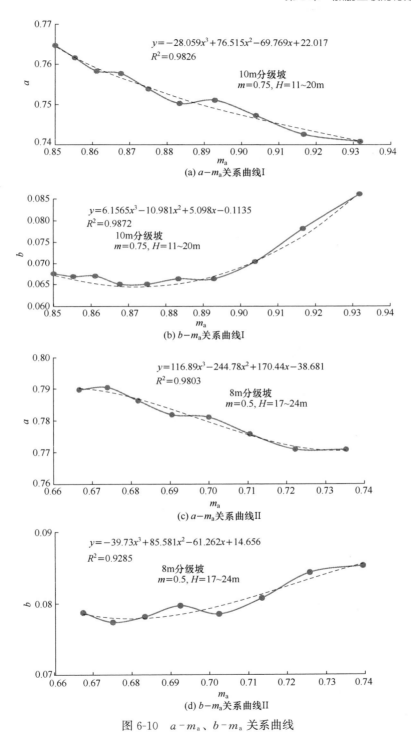

(a) $a-m_a$关系曲线I

(b) $b-m_a$关系曲线I

(c) $a-m_a$关系曲线II

(d) $b-m_a$关系曲线II

图 6-10　$a-m_a$、$b-m_a$ 关系曲线

表 6-4　10m 分级坡的 $A_1 \sim A_4$、$B_1 \sim B_4$ 值

m	H (m)	A_1	A_2	A_3	A_4	B_1	B_2	B_3	B_4
0.5	11～20	35.941	−65.147	38.874	−6.82	15.591	−24.16	12.027	−1.8004
	21～30	39.252	−75.02	47.392	−9.0844	76.092	−145.04	92.168	−19.44
0.75	11～20	−28.059	76.515	−69.769	22.017	6.1565	−10.981	5.098	−0.1135
	21～30	−80.797	218.77	−197.71	60.393	8.3393	−19.507	14.853	−3.5826
1	11～20	−57.066	196.49	−225.76	87.256	−24.829	90.207	−108.76	43.568
	21～30	−85.943	300.75	−351.01	137.34	−73.692	261.05	−308.11	121.19

表 6-5　8m 分级坡的 $A_1 \sim A_4$、$B_1 \sim B_4$ 值

m	H (m)	A_1	A_2	A_3	A_4	B_1	B_2	B_3	B_4
0.5	9～16	118.26	−237.27	158.13	−34.229	116.69	−230.27	151.41	−33.093
	17～24	116.89	−244.78	170.44	−38.681	−39.73	85.581	−61.262	14.656
	25～32	−117.59	253.35	−182.22	44.528	8.3613	−16.257	10.524	−2.1902
0.75	9～16	65.379	−178.53	162.14	−48.222	88.987	−240.35	216.27	−64.774
	17～24	104.17	−294.42	277.03	−86.03	12.85	−32.66	27.314	−7.4321
	25～32	85.465	−242.87	229.70	−71.554	136.86	−391.53	373.3	−118.56
1	9～16	−161.88	563.98	−655.10	254.42	−39.662	141.89	−169.11	67.176
	17～24	−269.58	962.11	−1144.7	454.72	−238.37	854.58	−1021.2	406.77
	25～32	212.14	−763.84	916.38	−365.59	125.94	−451.6	539.6	−214.82

3. Δ 值的确定

图 6-11 是确定 Δ 值的示意图，图中 A 线、B 线分别为 $\varphi = 36°$ 和 $\varphi \neq 36°$ 的 $\ln F_{sg} - \ln F_{sj}$ 线，二者近似平行。考虑到现行规范[86,95]对加筋路堤边坡安全系数的最高标准是不小于 1.45，故以 $F_{sg} = 1.45$，即 $Y_0 = \ln 1.45 = 0.3716$ 为纵坐标值，在 A 线上找到与 Y_0 对应的横坐标值 X_0，以 X_0 对应的 B 线和 A 线上的纵坐标差 $(Y - Y_0)$ 作为 Δ 值（图 6-11）。

按照上述方法，根据不同坡率（$m = 0.5$，0.75，1）、不同 φ 值，取代表性坡高 H（单级坡取 $H = 10\text{m}$，10m 分级的 2、3 级坡分别取 $H = 16\text{m}$，26m，8m

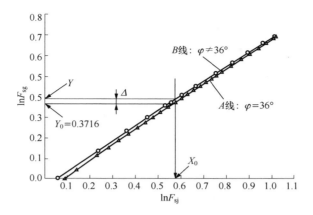

图 6-11 Δ 值的确定示意图

分级的 2、3、4 级坡分别取 $H=13\text{m}$，20m，28m）的 F_{sg} 和 F_{sj} 计算数据，计算出不同情况下的 Δ 值，如表 6-6～表 6-8 所示。

表 6-6 单级坡的 Δ 值

φ (°)	$\Delta\varphi$ (°)	$\tan(\Delta\varphi)$	$m=0.5$	$m=0.75$	$m=1$
35	−1	−0.0175	0.0044	0	−0.0026
36	0	0	0	0	0
37	1	0.0175	−0.0029	0	0.0028
38	2	0.0349	−0.0064	0	0.0069
39	3	0.0524	−0.0094	0	0.0107
40	4	0.0699	−0.0129	0	0.0160

表 6-7 10m 分级坡的 Δ 值

φ (°)	$\Delta\varphi$ (°)	$\tan\Delta\varphi$	$m=0.5$		$m=0.75$		$m=1$	
			$H=11\sim20\text{m}$	$H=21\sim30\text{m}$	$H=11\sim20\text{m}$	$H=21\sim30\text{m}$	$H=11\sim20\text{m}$	$H=21\sim30\text{m}$
35	−1	−0.0175	0.0019	0.0018	−0.0014	−0.0017	−0.0056	−0.0059
36	0	0	0	0	0	0	0	0
37	1	0.0175	−0.0016	−0.0015	0.0018	0.0019	0.0060	0.0062
38	2	0.0349	−0.0030	−0.0028	0.0040	0.0041	0.0123	0.0126
39	3	0.0524	−0.0041	−0.0038	0.0067	0.0065	0.0191	0.0193
40	4	0.0699	−0.0049	−0.0044	0.0097	0.0091	0.0262	0.0262

表 6-8　8m 分级坡的 Δ 值

φ (°)	$\Delta\varphi$ (°)	$\tan\Delta\varphi$	$m=0.75$			$m=1$		
			$H=9\sim16\mathrm{m}$	$H=17\sim24\mathrm{m}$	$H=25\sim32\mathrm{m}$	$H=9\sim16\mathrm{m}$	$H=17\sim24\mathrm{m}$	$H=25\sim32\mathrm{m}$
35	−1	−0.0175	−0.0024	−0.0032	−0.0031	−0.0083	−0.0083	−0.0082
36	0	0	0	0	0	0	0	0
37	1	0.0175	0.0021	0.0021	0.0019	0.0056	0.0054	0.0063
38	2	0.0349	0.0049	0.0050	0.0051	0.0133	0.0131	0.0135
39	3	0.0524	0.0076	0.0089	0.0093	0.0203	0.0211	0.0214
40	4	0.0699	0.0109	0.0128	0.0122	0.0237	0.0276	0.0294

注：$m=0.5$ 时，$\Delta\approx0$。

分析表 6-6～表 6-8 中的数据发现，Δ 与 $\tan\Delta\varphi$（$\Delta\varphi=\varphi-36°$）存在良好的相关性（图 6-12 是代表性的 $\Delta-\tan\Delta\varphi$ 关系曲线），其拟合方程见式（6-13）。拟合方程中略去了对最终计算结果几乎没有影响的常数项，这样做一方面是因为对安全系数 F_{sg} 的计算结果几乎没有影响，另一方面保证了 $\varphi=36°$ 时 $\Delta=0$。

$$\Delta=\alpha\tan^2\Delta\varphi+\beta\tan\Delta\varphi \tag{6-13}$$

式中，α，β——拟合常数，取值见表 6-9～表 6-11。

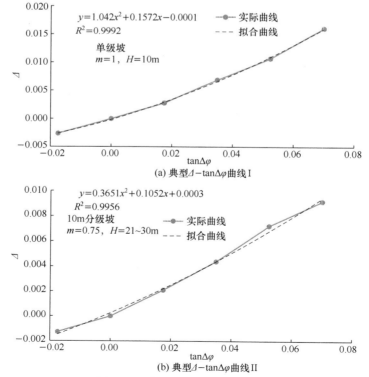

(a) 典型 $\Delta-\tan\Delta\varphi$ 曲线 I

(b) 典型 $\Delta-\tan\Delta\varphi$ 曲线 II

图 6-12　典型 $\Delta-\tan\Delta\varphi$ 关系曲线

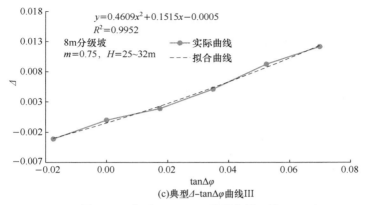

(c)典型 Δ-tan$\Delta\varphi$ 曲线 III

图 6-12　典型 Δ - tan$\Delta\varphi$ 关系曲线（续）

表 6-9　单级坡的 $\boldsymbol{\alpha}$、$\boldsymbol{\beta}$ 值（$H=4\sim50$m）

拟合常数	$m=0.5$	$m=0.75$	$m=1$
α	0.2506	0	1.042
β	-0.2061	0	0.1572

表 6-10　10m 分级坡的 $\boldsymbol{\alpha}$、$\boldsymbol{\beta}$ 值（$H=11\sim30$m）

拟合常数	$m=0.5$		$m=0.75$		$m=1$	
	$H=11\sim20$m	$H=21\sim30$m	$H=11\sim20$m	$H=21\sim30$m	$H=11\sim20$m	$H=21\sim30$m
α	0.4341	0.4757	0.6817	0.3651	0.6143	0.4109
β	-0.1008	-0.0966	0.0914	0.1052	0.3316	0.346

表 6-11　8m 分级坡的 $\boldsymbol{\alpha}$、$\boldsymbol{\beta}$ 值（$H=9\sim32$m）

拟合常数	$m=0.5$	$m=0.75$			$m=1$		
	$H=9\sim32$m	$H=9\sim16$m	$H=17\sim24$m	$H=25\sim32$m	$H=9\sim16$m	$H=17\sim24$m	$H=25\sim32$m
α	0	0.4336	0.6261	0.4609	-1.1113	0.0511	0.3102
β	0	0.1278	0.1459	0.1515	0.432	0.4064	0.4075

4. 简化公式的精度检验

为了检验式（6-10）的计算精度，按所含边坡级数（单级坡仅包含 1 级坡，10m 分级坡分 2 级和 3 级坡，8m 分级坡分 2 级、3 级和 4 级坡）分别选择低、中、高三种代表性坡高的加筋粗粒土坡，进行了全面的对比计算。表 6-12～表 6-14 中是部分代表性的计算结果，其中，F_{sg1}、F_{sg} 是按式（6-10）和规范[86]方法计算的加筋粗粒土坡安全系数；$\Delta F_{sg}=F_{sg1}-F_{sg}$，即 F_{sg1} 的绝对误差；N 是加筋层数；其他符号意义同前。

表 6-12　单级坡 F_{sg1} 与 F_{sg} 的比较

φ (°)	$m=0.5$, $H=4$ m, $N=6$					$m=0.75$, $H=10$ m, $N=16$					$m=1$, $H=50$ m, $N=83$				
	T_a (kN/m)	F_{sg}	F_{sj}	F_{sg1}	ΔF_{sg}	T_a (kN/m)	F_{sg}	F_{sj}	F_{sg1}	ΔF_{sg}	T_a (kN/m)	F_{sg}	F_{sj}	F_{sg1}	ΔF_{sg}
35	4.96	1.000	1.109	1.002	0.002	6.66	1.000	1.116	1.002	0.002	14.6	1.000	1.091	1.006	0.006
	8	1.204	1.383	1.203	-0.001	13	1.233	1.449	1.230	-0.003	40	1.243	1.452	1.242	-0.001
	13	1.486	1.792	1.491	0.005	21	1.474	1.819	1.470	-0.004	70	1.468	1.813	1.463	-0.005
	19	1.787	2.255	1.804	0.017	31	1.735	2.245	1.734	-0.001	110	1.722	2.250	1.715	-0.007
	23.62	2.000	2.595	2.026	0.026	42.09	2.000	2.701	2.005	0.005	159.3	2.000	2.756	1.991	-0.009
37	9.45	1.000	1.121	1.004	0.004	5.51	1.000	1.118	1.004	0.004	10.3	1.000	1.085	1.007	0.007
	16	1.227	1.425	1.225	-0.002	11	1.224	1.436	1.222	-0.002	30	1.223	1.405	1.219	-0.004
	24	1.464	1.763	1.461	-0.003	18	1.452	1.785	1.449	-0.003	60	1.470	1.804	1.465	-0.005
	32	1.727	2.160	1.728	0.001	29	1.759	2.287	1.759	0.000	105	1.773	2.329	1.769	-0.004
	45.31	2.000	2.590	2.008	0.008	38.7	2.000	2.708	2.009	0.009	144.3	2.000	2.755	2.002	0.002
40	3.45	1.000	1.117	0.992	-0.008	3.84	1.000	1.110	0.998	-0.002	4.95	1.000	1.058	1.002	0.002
	5	1.128	1.295	1.121	-0.007	8	1.194	1.391	1.191	-0.003	20	1.223	1.382	1.220	-0.003
	11	1.528	1.885	1.529	0.001	16	1.491	1.843	1.485	-0.006	50	1.506	1.839	1.506	0.000
	15	1.752	2.240	1.764	0.012	25	1.762	2.299	1.767	0.005	85	1.767	2.296	1.773	0.006
	19.83	2.000	2.653	2.029	0.029	33.92	2.000	2.722	2.017	0.017	121.4	2.000	2.735	2.017	0.017

表6-13 10 m 分级坡 F_{sg1} 与 F_{sg} 的比较

φ (°)	m	H=11m, N=18					H=16m, N=26					H=30m, N=49				
		T_a (kN/m)	F_{sg}	F_{sj}	F_{sg1}	ΔF_{sg}	T_a (kN/m)	F_{sg}	F_{sj}	F_{sg1}	ΔF_{sg}	T_a (kN/m)	F_{sg}	F_{sj}	F_{sg1}	ΔF_{sg}
36	1	1.4	1.000	1.060	0.999	-0.001	1.66	1.000	1.047	1.003	0.003	3.21	1.000	1.053	1.008	0.008
		6.5	1.242	1.451	1.240	-0.002	8	1.246	1.414	1.241	-0.005	14.5	1.244	1.406	1.240	-0.004
		14	1.494	1.891	1.489	-0.005	18	1.487	1.814	1.480	-0.007	31.5	1.472	1.785	1.472	0.000
		24	1.764	2.395	1.753	-0.011	31	1.740	2.273	1.735	-0.005	56.5	1.745	2.273	1.751	0.006
		34.25	2.000	2.884	1.992	-0.008	46.42	2.000	2.776	1.998	-0.002	83.41	2.000	2.758	2.012	0.012
38	0.75	2.83	1.000	1.086	0.982	-0.018	4.12	1.000	1.093	1.007	0.007	7.74	1.000	1.093	1.007	0.007
		9	1.256	1.505	1.250	-0.006	11	1.224	1.410	1.220	-0.004	20.5	1.224	1.414	1.226	0.002
		16.5	1.500	1.922	1.498	-0.002	21.5	1.475	1.811	1.473	-0.002	39	1.473	1.802	1.474	0.001
		27	1.775	2.428	1.780	0.005	35	1.742	2.269	1.746	0.004	65	1.757	2.286	1.767	0.010
		36.12	2.000	2.857	2.008	0.008	49.88	2.000	2.741	2.013	0.013	90.11	2.000	2.724	2.019	0.019
40	0.5	4.8	1.000	1.123	0.977	-0.023	7.77	1.000	1.119	1.000	0.000	14.56	1.000	1.120	1.001	0.001
		11	1.232	1.495	1.225	-0.007	16	1.234	1.450	1.231	-0.003	30	1.240	1.454	1.237	-0.003
		18.5	1.477	1.881	1.470	-0.007	27	1.486	1.830	1.484	-0.002	50	1.491	1.834	1.494	0.003
		27.5	1.726	2.300	1.723	-0.003	41	1.759	2.272	1.766	0.007	76	1.769	2.279	1.781	0.012
		38.93	2.000	2.797	2.012	0.012	54.77	2.000	2.680	2.016	0.016	99.89	2.000	2.666	2.023	0.023

表6-14 8m分级坡 F_{sgl} 与 F_{sg} 的比较

φ (°)	m	$H=9m, N=14$					$H=20m, N=33$					$H=32m, N=53$				
		T_a (kN/m)	F_{sg}	F_{sj}	F_{sgl}	ΔF_{sg}	T_a (kN/m)	F_{sg}	F_{sj}	F_{sgl}	ΔF_{sg}	T_a (kN/m)	F_{sg}	F_{sj}	F_{sgl}	ΔF_{sg}
36	1	0.72	1.000	1.041	0.996	-0.004	1.08	1.000	1.029	0.998	-0.002	1.98	1.000	1.033	1.001	0.001
		5.4	1.255	1.466	1.254	-0.001	8.4	1.254	1.417	1.242	-0.012	12.8	1.237	1.394	1.241	0.004
		12.4	1.512	1.936	1.512	0.000	19.4	1.488	1.798	1.462	-0.026	34.8	1.532	1.870	1.533	0.001
		20.2	1.736	2.394	1.744	0.008	32	1.698	2.181	1.668	-0.030	57	1.761	2.287	1.772	0.011
		30.47	2.000	2.987	2.024	0.024	53.11	2.000	2.768	1.963	-0.037	83.38	2.000	2.750	2.023	0.023
38	0.75	2.39	1.000	1.103	0.997	-0.003	3.68	1.000	1.079	1.004	0.004	6.38	1.000	1.080	1.004	0.004
		6	1.192	1.411	1.198	0.006	11	1.218	1.390	1.213	-0.005	16	1.188	1.341	1.181	-0.007
		13.5	1.489	1.908	1.500	0.011	26	1.520	1.881	1.521	0.001	39	1.489	1.822	1.487	-0.002
		21	1.722	2.342	1.747	0.025	39	1.735	2.256	1.742	0.007	60	1.716	2.207	1.717	0.001
		30.93	2.000	2.872	2.034	0.034	57.2	2.000	2.747	2.018	0.018	90.22	2.000	2.724	2.011	0.011
40	0.5	3.93	1.000	1.141	0.993	-0.007	7.54	1.000	1.111	1.002	0.002	12.78	1.000	1.111	1.005	0.005
		8	1.188	1.439	1.186	-0.002	15	1.191	1.384	1.191	0.000	26	1.208	1.405	1.209	0.001
		15	1.454	1.868	1.449	-0.005	24.5	1.388	1.681	1.387	-0.001	43	1.426	1.731	1.425	-0.001
		22	1.677	2.252	1.671	-0.006	30	1.490	1.842	1.490	0.000	53	1.540	1.910	1.540	0.000
		33.54	2.000	2.838	1.995	-0.005	63.07	2.000	2.707	2.015	0.015	99.88	2.000	2.676	2.009	0.009

由计算结果统计得出的误差范围见表 6-15。由表 6-15 可知，当 $F_{sg} \in [1, 2]$ 时，$\Delta F_{sg} \in [-0.047, 0.056]$，其中误差的正、负极值都是在 $F_{sg}=2$ 时出现的。规范[86,95]规定一般情况下加筋路堤边坡容许安全系数为 1.25～1.45，而当 $F_{sg} \in [1.25, 1.45]$ 及附近区域时 $\Delta F_{sg} \in [-0.029, 0.025]$，误差不超过 ± 0.03，满足工程设计要求。

表 6-15　由式（6-10）计算的加筋粗粒土坡安全系数误差 ΔF_{sg} 的范围

类别	$F_{sg} \in [1, 2]$			$F_{sg} \in [1.25, 1.45]$ 及附近区域		
	$m=0.5$	$m=0.75$	$m=1$	$m=0.5$	$m=0.75$	$m=1$
单级坡	[−0.020, 0.029]	[−0.014, 0.025]	[−0.014, 0.035]	[−0.016, 0.010]	[−0.012, 0.005]	[−0.014, 0.006]
10m 分级坡	[−0.023, 0.023]	[−0.043, 0.028]	[−0.030, 0.037]	[−0.009, 0.007]	[−0.009, 0.007]	[−0.018, 0.012]
8m 分级坡	[−0.022, 0.015]	[−0.036, 0.047]	[−0.047, 0.056]	[−0.013, 0.011]	[−0.013, 0.022]	[−0.029, 0.025]

6.3　考虑加筋影响带的加筋土坡稳定性分析方法
——影响带法

6.3.1　影响带法的基本内容

为了研究土工格栅的加筋机理，笔者完成了加筋影响带的观测试验，并得出了影响带厚度的经验公式，相关内容已在第 3 章中介绍。在此基础上，提出考虑影响带的土工格栅加筋土坡稳定性分析方法。这个方法的独特之处在于考虑了筋-土的相互作用，且计算方法比传统的极限平衡法更简单，但其正确性还需进一步的研究和工程实践的验证。

第 3 章中已得出影响带平均厚度 δ（δ 为单侧影响带厚度）与土颗粒平均粒径 d_{50} 的经验公式，即当 $d_{50} > 1.05$mm 时，δ 可按式（4-13）估算。

根据作者和其他学者[106,111]试验观测到的加筋影响带客观存在的事实，同时为了简化计算，借鉴 Yang[137]关于加筋相当于增加了土体围压的观点，假设筋材所起的作用相当于对加筋影响带范围的土体施加了围压 $\Delta\sigma_3$，亦即使影响带内土的黏聚力增加了 Δc，而内摩擦角不变。设一层筋材上下两侧的加筋影响带厚度之和为 2δ，考虑到按规范[85,86]规定的设计方法，在筋材受力达到设计强度之前一般不会发生拔出破坏，则当加筋土坡达到极限平衡状态时，筋材拉力达到其设计强度 T_a，所以有

$$\Delta\sigma_3 = \frac{T_a}{2\delta} \qquad (6\text{-}14)$$

将式（6-14）代入式（6-5），得

$$\Delta c = \frac{T_a}{4\delta}\tan(45° + \varphi/2) \qquad (6\text{-}15)$$

这样，就把土工格栅加筋土坡简化成了成层土坡，计算得到简化。

上述简化方法基于加筋土的准黏聚力原理，但这里将获得准黏力的范围限定在加筋影响带内，而非整个加筋土体。该法的主要特点是能反映加筋影响带的存在和作用，并使加筋土的分析计算得到简化。需要指出的是，以加筋影响带内土的黏聚力增加来反映加筋的作用，不能反映加筋对筋-土接触面附近土体的应力-应变关系的影响。

6.3.2　算例及分析

图 6-13 所示是一个假想的土工格栅加筋路堤边坡，边坡高度为 20m，坡率为 1:1。土工格栅加筋层在竖直方向等间距布设，每层筋材的长度足够，以保证不发生拔出破坏，从而在下面的讨论中排除筋材长度的影响。路堤填土和地基土的物理力学指标采用某公路项目的实测值。其中，路堤压实土的黏聚力 $c = 8\text{kPa}$，内摩擦角 $\varphi = 31°$，重度 $\gamma = 19.3\text{kN/m}^3$，弹性模量 $E = 42\text{MPa}$，泊松比 $\mu = 0.30$，土颗粒平均粒径 $d_{50} = 20.1\text{mm}$；地基土的黏聚力 $c_1 = 17.8\text{kPa}$，内摩擦角 $\varphi_1 = 32.2°$，重度 $\gamma_1 = 18.6\text{kN/m}^3$，弹性模量 $E = 50\text{MPa}$，泊松比 $\mu_1 = 0.30$。现分别采用公路规范法[86]、强度折减法和影响带法，对土工格栅层间距 S 分别为 0.4m，0.6m，0.8m 和 1.0m，土工格栅抗拉强度 T_a 分别为 10kN/m，15kN/m，20kN/m，25kN/m 和 30kN/m 组合出的 20 种工况，计算加筋土坡的稳定安全系数 F_s。

其中，规范法和影响带法都采用现行公路规范[86]推荐的简化 Bishop 条分法计算。规范法的计算公式为式（6-7）；影响带法中，影响带的厚度按式（4-13）计算，影响带土的黏聚力增量按式（6-15）计算。

强度折减法在计算过程中，对土的强度参数 c（土的黏聚力）和 $\tan\varphi$ 都以大

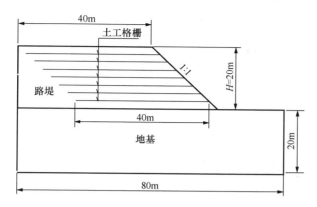

图 6-13　土工格栅加筋路堤边坡

于 1 且循环递增的系数 F 不断进行折减（土工格栅的强度不折减），直至土体达到破坏状态，此时的折减系数就是边坡的安全系数 F_s。由于本算例以确定边坡稳定安全系数为目的，基于郑颖人等[82]的研究，边坡土和地基土都采用理想弹塑性模型来描述其应力应变关系，采用摩尔-库仑屈服准则，不考虑土体的剪胀性。土工格栅单元只能抗拉，不具有抗弯能力。土工格栅采用理想弹塑性模型，只有两个参数，一个是弹性阶段的轴向抗拉刚度 ET，它是单位宽度的土工格栅拉力与对应的拉应变之比。这里根据某生产厂家给出的塑料土工格栅 2% 应变所具有的抗拉强度计算出 ET 值（表 6-16）。另一个参数是屈服强度，其值取土工格栅的抗拉强度 T_a。土工格栅与土之间设置界面单元，界面折减因子取 0.9[86]，相当于土工格栅与土之间的摩擦系数为 $f = 0.9\tan\varphi$（φ 为边坡土的内摩擦角）。当界面上的剪应力小于摩擦强度时，界面处于弹性阶段，并可产生很小的弹性位移；当界面上的剪应力超过摩擦强度时，界面产生塑性滑动。具体计算方法和计算过程详见文献 [109]。

表 6-16　土工格栅的抗拉强度和抗拉刚度

抗拉强度 T_a(kN/m)	10	15	20	25	30
抗拉刚度 ET(kN/m)	170	250	350	450	525

根据以上各方法算得的不同工况下的加筋土坡安全系数如图 6-14 所示。

由图 6-14 可知，当土工格栅层间距 S 为 0.4m 和 0.6m，土工格栅抗拉强度 $T_a > 20$kN/m 时，影响带法与强度折减法得到的安全系数很接近，说明此时影响带法适用。但随着 S 的增大和 T_a 的减小，二者的差值也增大，影响带法就不适用了。图 6-14 还表明，除 S 较大、T_a 较小的情况外，规范法算得的安全系数都

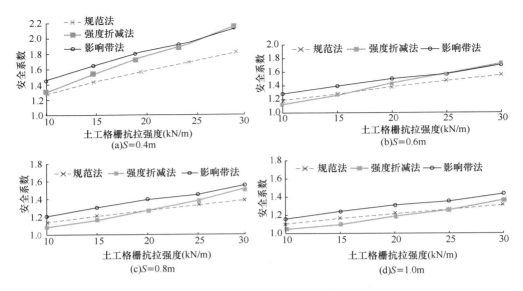

图 6-14 安全系数与土工格栅抗拉强度的关系曲线

比强度折减法的小。

为了充分发挥加筋土工程的优良抗震性能，吸取 1999 年台湾大地震的经验，加筋土结构中筋材的层间距 S 不宜过大[5,138]。公路规范[86]规定 S 不宜大于 0.8m，文献 [138] 给出的加筋土挡墙标准图中 S 都为 0.5m。加筋土工程中筋材设计强度超过 20kN/m 的情况很常见，所以影响带法的适用条件在实际工程中常能碰到。

不难发现，影响带法和规范法与强度折减法计算结果差别的大小都与边坡中土工格栅总强度 NT_a（N 为土工格栅层数）有关。不妨将单位高度边坡内筋材的总抗拉强度称为土工格栅强度分布密度，并记为 t，则有

$$t = NT_a/H \tag{6-16}$$

式中，N——土工格栅层数；

$\quad T_a$——土工格栅抗拉强度，kN/m；

$\quad H$——边坡高度，m；

$\quad t$——土工格栅强度分布密度，kN/m²。

当土工格栅层以等间距 S 布置时，一般有 $N=H/S$，所以式（6-16）又可写为

$$t = T_a/S \tag{6-17}$$

图 6-15 是根据计算数据得到的 F_s 与 t 的关系曲线。该图表明，当 $t > 42$kN/

m² 时，影响带法的计算结果与强度折减法的很接近；当 $t<42$kN/m² 时，影响带法会得到偏高的结果。而规范法在 $t<25$kN/m² 时计算的安全系数比强度折减法的略高，且差别不大；但当 $t>25$kN/m² 后，前者低于后者，并且其差值随 t 的增大而增大，所以规范法在 t 较大时会过于保守，这印证了李广信的分析[23]。图 6-16 是影响带法和规范法计算的安全系数与强度折减法安全系数的相对误差 R 与土工格栅强度分布密度 t 的关系曲线，它定量地反映了上述差别和规律。

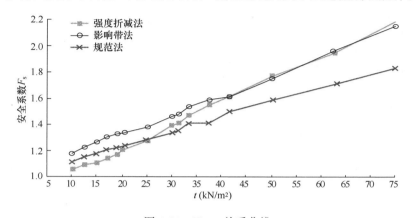

图 6-15　F_s-t 关系曲线

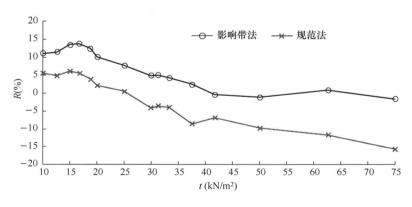

图 6-16　R-t 关系曲线

6.4　小　结

1）基于 FHWA 的极限平衡法虽然偏保守，但在目前理论研究有待深入和工程应用经验有待进一步积累的情况下，特别是在新疆地区，加筋土坡工程的应用刚刚开始，采用经历过大量工程实践的检验、具有较长应用时间的这种设计方法更有必要。

2）加筋土坡的安全系数 F_{sg} 与等代均质土坡的安全系数 F_{sj} 有良好的相关性，当筋层间距 $S=0.3\sim0.8m$、筋层间拉力大致按规范[86]的建议分配，且 $F_{sg}=1\sim2$ 时，$lnF_{sg}-lnF_{sj}$ 符合线性关系，该关系仅与边坡的平均坡率 m_a 和土的内摩擦角 φ 有关，而与土的重度、筋层的布局和筋层间拉力分配方案无关。基于此，本书提出了单级坡、10m 分级坡和 8m 分级坡的 $F_{sg}-F_{sj}$ 回归公式，用此公式可以按均质土坡计算加筋土坡的安全系数，使计算得以简化。当加筋土坡的安全系数 $F_{sg}\in[1.25，1.45]$ 及附近区域时，采用前述回归公式计算出的安全系数，其绝对误差不超过 ±0.03，计算精度完全满足工程设计要求。

3）基于加筋影响带观测成果，本章提出了考虑加筋机理的影响带法。该法以加筋影响带的形式考虑了筋-土界面作用机理，并将复杂的加筋土坡简化为成层土坡，计算得到了简化。但这个方法的正确性依赖于影响带厚度的准确计算，本章提出的影响带厚度计算方法考虑的因素比较简单，还有待于进一步研究。

4）提出了筋材强度分布密度的概念，加筋土边坡稳定性与筋材强度分布密度有比较明确的关系。

第7章 土工格栅加筋粗粒土路堤
结构设计

根据第 6 章的分析，现阶段加筋粗粒土坡的设计计算方法适宜采用极限平衡法。以推广土工格栅加筋粗粒土坡在公路工程中的应用为目的，本章的设计内容以严格满足《公路土工合成材料应用技术规范》（JTG/T D32—2012）为前提。

7.1 土工格栅加筋粗粒土路堤结构形式的选择

7.1.1 堤身结构

根据《公路土工合成材料应用技术规范》（JTG/T D32—2012）的建议，土工格栅加筋路堤可选择如图 7-1 所示的结构形式。

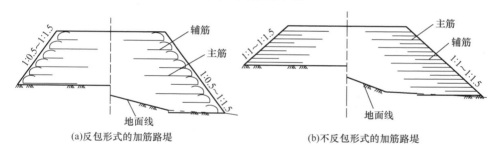

图 7-1 加筋路堤结构形式

当加筋路堤边坡的坡率为 1∶0.5～1∶1 时，土工格栅在坡面处要反包；当坡率为 1∶1～1∶1.5 时，如果采用格宾石笼或 L 形混凝土预制块做坡面防护（详见下文），并且将筋材与格宾石笼或 L 形预制块有效连接，能保证坡面土体的稳定时，可不反包，否则应反包；当坡率缓于 1∶1.5 时，可不反包。这是因为，坡面处反包主要是防止坡面土体沿筋材发生溜滑（浅层滑动），坡度越陡时越易发生，所以规定坡率为 1∶0.5～1∶1 时，无论坡面采用何种防护措施，都要反包；而坡率为 1∶1～1∶1.5 时，在筋材、格宾石笼或 L 形混凝土预制块和坡面土体的共同作用下，坡面土体的稳定一般能满足要求，确认后就不必反包。当坡率缓于 1∶1.5 时，坡面土体的稳定性可以保证，可以不反包。坡度陡于 1∶1.5

和所有反包式的土工格栅加筋路堤边坡，都应设置坡面防护，以防雨水冲刷和避免反包筋材受到阳光照射。

土工格栅加筋层的竖向间距 S 不宜小于一层土的压实厚度，也不宜大于80cm，建议 $S＝30\sim60$cm。加筋层间距 S 的大小要从土坡的安全性和经济性两方面考虑，因此《公路土工合成材料应用技术规范》（JTG/T D32—2012）建议，从经济的角度，S 不宜小于路基填土的分层压实厚度。为保证加筋的有效性和加筋粗粒土坡的安全性，S 不宜大于80cm。而要保证加筋粗粒土坡的抗震效果，S 不宜超过60cm[5,138]。考虑到粗粒土路基的分层压实厚度一般都在30cm 及以上，同时新疆又是地震多发区，强震频繁，所以建议 $S＝30\sim60$cm。

为了减少地表水的入渗对加筋路堤的稳定性造成不利影响，加筋路堤所在路段宜有硬化路面，并设横坡不小于2%的路拱。建在山坡上的加筋路堤，路堤上侧必须设置有防渗衬砌的边沟（图 7-2），以免边沟中的水渗入加筋土体内。当加筋路堤内因地下水或不可避免的地表水侵入，可能造成积水时，则必须设置类似于图 7-3 的内部排水设施，确保加筋体内不积水。

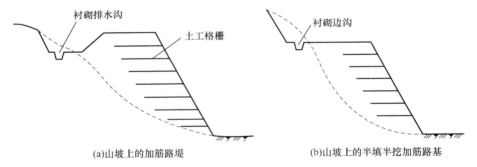

(a)山坡上的加筋路堤　　　　　　　(b)山坡上的半填半挖加筋路基

图 7-2　山坡上的加筋路堤地面排水示意图

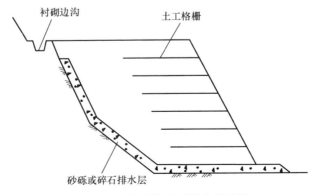

图 7-3　加筋路堤内部排水示意图

7.1.2　坡面防护方案

加筋路堤坡面防护的主要作用是保证坡面土体的稳定，避免雨水冲刷，并保护坡面的土工合成材料（主要指反包体）避免紫外线照射而加速老化。坡度陡于1:1.5的加筋边坡，如果筋材不反包，则坡面土体可能溜滑，所以需设置能与加筋材料共同阻止这种坡面破坏的坡面防护。而如果筋材反包，则设置坡面防护主要是为保护暴露在坡面的反包加筋材料，以免其发生早期老化。

在气候和土质适宜于植物生长的地区，应优先采用植物防护，不仅有利于环境保护、美化道路景观，同时还可简化施工环节，降低工程造价。采用植物防护方案，可借鉴国内其他地区的经验，结合工程所在地的气候、水文等自然条件确定具体方案。在一般情况下，对陡于1:1的加筋边坡，可采用反包植生袋、喷护有机材绿化等方法，对缓于1:1的加筋边坡，可采用直接喷播绿化方法。

新疆属于温带大陆性气候，大部分地区气候干热，气候和土质不适宜植物生长，路堤边坡一般只能采取工程防护措施。而且新疆日照时间长，紫外线强度高，不加保护的情况下土工合成材料容易老化。因此，结合新疆实际情况，选择与当地条件相适应的工程防护方案是重点内容之一。从既能有效保证坡面稳定、抵抗雨水冲刷、避免坡面筋材受阳光照射，又能充分利用当地材料、方便施工、缩短工期、从而尽量降低坡面防护费用两个方面考虑，可采用镀锌格宾石笼和方格网骨架护坡、拱形骨架护坡、L形混凝土预制块护坡等防护措施。其中，镀锌格宾石笼和L形混凝土预制块两种坡面防护方案有一个共同的优点，即在施工时石笼或L形预制块起模板作用，挡住边缘土体，使其容易压实，竣工后又是永久性的坡面防护结构。这样就没有必要设置临时模板，简化了施工工序，可以加快工程进度，从而降低工程造价，同时避免了坡面反包材料在施工过程中长期暴露。

1. 镀锌格宾石笼护坡

（1）坡面防护结构

图7-4是土工格栅加筋层间距为30cm和60cm时建议的镀锌格宾石笼坡面防护示意图。当加筋层间距为其他值时，对石笼尺寸做相应修改后亦可参照采用。图中 b 值随设计坡率的变化而变化，下同。

推荐采用镀锌格宾石笼防护方案理由如下：①新疆卵、砾石丰富，能就地取材，成本低；②施工简单、方便，施工进度快；③石笼为柔性结构，适应不均匀沉降，抗变形和抗震能力突出；④完全透水，坡面入渗雨水可及时顺畅地排出；

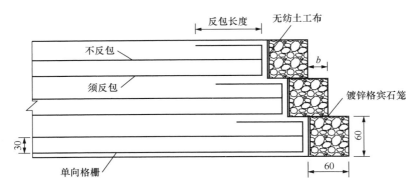

(a)适用于单向土工格栅，层距30 cm，坡率1∶0.5~1∶1(单位：cm)

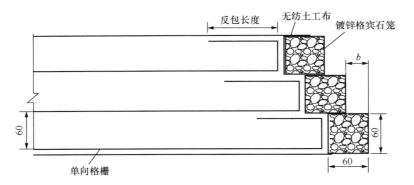

(b)适用于单向土工格栅，层距60 cm，坡率1∶0.5~1∶1(单位：cm)

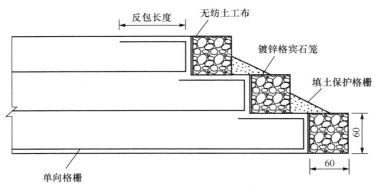

(c)适用于单向土工格栅，层距60 cm，坡率1∶1~1∶1.5(单位：cm)

图 7-4 镀锌格宾石笼护坡示意图

⑤方便与路堤内的加筋土工格栅连接，可与其协同工作，保证自身和坡面土体的
稳定性。

石笼最关键的问题是钢丝的锈蚀问题。随着材料科学的进步，这个问题现在已完全解决，如马克菲尔公司生产的镀锌覆塑钢丝（镀锌 3.3mm 厚＋不小于 0.5mm 厚 PVC 膜），其寿命可达 120 年[140]。我国也有许多厂家的产品达到了同样的性能。

如图 7-4（c）所示，当坡面缓于 1∶1 时，相邻两层石笼会错开一定水平距离，为避免错开的台阶上反包的土工格栅暴露在外面，须采用路基用的粗粒土填实台阶上的三角形区域。

施工时宜将回折竖起段的土工格栅与石笼绑扎连接，以利于石笼的稳固。在石笼内靠土体的一侧（或在石笼与路堤填土的竖直交界面上）放一片无纺土工布，作为过滤层，以便让可能渗入坡面的水排出坡外，而不将坡内的土颗粒带出。无纺土工布采用 200～300g/m² 的短纤维针刺土工布即可。

（2）基础

格宾石笼护坡体应设置基础。基础可采用格宾石笼、浆砌片石、现浇混凝土等结构。基础尺寸和埋深宜不小于图 7-5 所示的值。

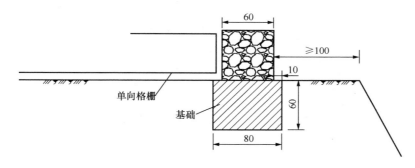

图 7-5　石笼护坡的基础（单位：cm）

2. L 形混凝土预制块护坡

（1）坡面防护结构

图 7-6 是土工格栅加筋层间距为 30cm 和 60cm 时建议的 L 形预制块坡面防护结构示意图。当加筋层间距为其他值时，对 L 形预制块尺寸做相应修改后亦可参照采用。

L 形预制块采用 C20 混凝土预制（必要时配置一层 $\phi8$ 钢筋网）。预制块厚 10～15cm，每块长 50～100cm 为宜，具体以方便施工为原则，底边宽度方向中部预留 2 个 $\phi15$mm 锚栓孔。预制块底部铺 10cm 砂砾垫层，起找平和排水作用。

设置锚栓钢筋的主要目的是在填土施工过程中拉住预制块，使预制块在碾压

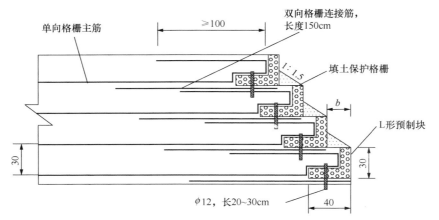

(a)适用于单向土工格栅，层距30cm，坡率1∶0.5~1∶1.5

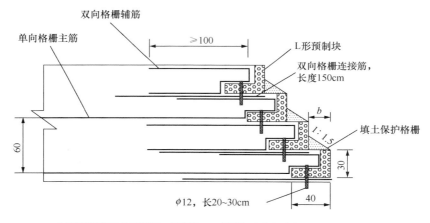

(b)适用于单向土工格栅，层距60cm，坡率1∶0.5~1∶1.5

图7-6　L形预制块护坡示意图（长度单位：cm）

（或夯实）靠近坡面的边缘土体时不会产生过大的位移，保证边缘土体压实，起到模板的作用。大量实测数据和试验研究表明[2,13,15,74-76,141,142]，即使是加筋土挡墙（坡角大于等于70°），其面板受到的土压力也很小，加筋粗粒土坡（坡角不大于70°）的坡面防护结构受到的土压力就更小了。Holtz[15]、Wu[141]等的研究成果表明，加筋土挡墙的面板仅需支挡相邻两层筋材间的土体，每个面板挡块受到的土压力与高度等于 S 的挡墙所受到的主动土压力相当，其大小仅与加筋层间距 S 有关，而与坡高无关。Barrett 等[76]认为碾压密实的小间距（小于 30~40cm）加筋粗粒土体为内部稳定的筋-土复合体，可以形成很高的直立结构而不需要面板支撑。

现场实测数据也表明，加筋层间距不超过 60cm 的土工格栅加筋粗粒土坡的坡面防护结构受到的土压力很小。试验路堤中，有一段 HDPE 单向土工格栅加筋粗粒土坡，全长 102m，坡率 1∶0.75，加筋层间距 $S=60cm$，最大坡高 $H=10.07m$，坡面防护为如图 7-4（b）所示的石笼结构。施工过程中，在不同深度 Z（距坡顶的距离）处紧贴石笼内侧竖直安放土压力盒，监测石笼所受水平土压力的大小。观测结果表明，在土压力盒上面的填土厚度 Z 达到约 3m 时，水平土压力即达到稳定值，$Z=4.5m$，$6.3m$，$9.3m$（Z 为土压力盒中心点的埋深）时实测水平土压力分别为 4kPa、5kPa、6kPa，约与深度等于 0.6m 处的静止水平土压力相当（静止侧压力系数 $k_0=1-\sin\varphi'=1-\sin41°=0.34$，土的重度 $\gamma=22kN/m^3$）。

如上所述，可以认为，在竣工后，L 形预制块等坡面防护结构仅起坡面防护作用，可不考虑其承担土压力的作用。可见，锚栓钢筋不需很高的强度。建议采用长度 20～30cm 的 $\phi12$ 螺纹钢作为锚栓钢筋（钢筋的粗细以容易将其打入土层中为原则，这里建议采用 $\phi12$ 仅供参考）。

（2）基础

L 形预制块护坡体应设置基础。基础可采用浆砌片石、现浇混凝土等结构。基础尺寸和埋深宜不小于图 7-7 所示的值。

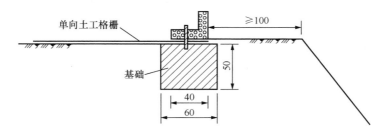

图 7-7　L 形预制块护坡的基础（长度单位：cm）

7.2　材料的设计参数

7.2.1　填料的抗剪强度指标

新疆粗粒土填料的抗剪强度指标应按《公路路基设计规范》（JTG D30—2015）的规定，采用《公路土工试验规程》（JTG E40—2007）的相关方法测定。按此要求，需采用大三轴试验测定。考虑到一般勘察设计单位还不具备大三轴试验条件，可以参照表 2-3 的试验结果选用。按照这些试验结果，新疆粗粒土路基填料的内摩擦角都在 40°以上（见第 2 章），但考虑到理论上还有许多不清楚之处，在新疆又缺乏应用经验，所以建议在没有试验条件时可参照表 7-1 选用。

表 7-1　新疆粗粒土抗剪强度指标参考值

土类	黏聚力 c（kPa）	内摩擦角 φ（°）
新疆粗粒土	0	35～40

7.2.2　加筋材料的设计参数

根据《公路土工合成材料应用技术规范》（JTG/T D32—2012）的规定，HDPE 单向土工格栅的设计抗拉强度 T_a 由式（6-3）确定。

1. 老化、蠕变折减系数的选取

新疆地区日照强烈，紫外线强度高，这对抗光老化性能较差的 HDPE（高密度聚乙烯）和 PP（聚丙烯）材料不利，但国家标准《土工合成材料　塑料土工格栅》（GB/T 17689）规定由这两类材料制成的土工格栅必须添加不低于 2% 的炭黑，可有效提高其抗光老化（紫外线）能力[1-3,86]。HDPE 单向土工格栅和 PP 双向土工格栅埋入土中后就避免了紫外线的照射，抗老化能力不成问题[11,133]。考虑到埋入土中的单向土工格栅在蠕变特性和老化特性方面基本不受地域气候的影响，新疆粗粒土除可能含盐碱土外（HDPE 材料耐盐碱），与国内其他地区没有别的不同，根据新疆的环境特点，建议老化折减系数参照《公路土工合成材料应用技术规范》（JTG/T D32—2012）推荐的范围（1.1～2.0）取值。

蠕变折减系数与加筋材料的原材料、温度、荷载水平、荷载作用时间、土的侧限条件等诸多因素有关，其取值颇具争议性。目前蠕变折减系数的取值范围都基于室内常规无约束拉伸蠕变试验资料而确定。实际上，筋材置于土中时，其拉伸性能和蠕变特性受到填料的约束及上覆荷载的影响，与无约束拉伸的情况不完全相同，特别是蠕变量会有明显降低。已有的侧限约束蠕变试验资料表明[128]，HDPE 单向拉伸土工格栅在砂土中受 50% 应力水平作用的蠕变量仅为 3% 左右，远远低于无约束条件的应变。加筋土结构中筋材受到填土和结构荷载等的影响，实际强度已和常规无约束状态下得到的强度值不同，蠕变特性也发生了显著变化。因此，在加筋土设计中还需要进一步研究加筋材设计强度及蠕变折减系数的合理取值方法。现阶段，建议按规范[86]取蠕变折减系数为 1.5～3.5。

对于具体工程而言，埋于土中的 HDPE 单向土工格栅，其蠕变特性主要与荷载水平（实际拉力与极限抗拉强度的比值）有关，所以在选取蠕变折减系数值时，荷载水平高的取高值，反之取低值。

2. 施工损伤系数的选取

土工格栅的施工损伤除取决于土工格栅筋材本身的性质与类型之外，还与加筋结构物的类型、施工设备与施工工艺（碾压设备、碾压遍数、分层厚度等）、填料性质（颗粒粒径、形状、级配等）有关。为了切合实际地确定施工损伤系数，在依托工程（S101 沙湾段公路改建工程）上完成了土工格栅施工损伤现场试验，试验按照英国规范（BS-8006-1-2010）推荐的方法进行。采用 HDPE 单向土工格栅和新疆地区常用的砂土、圆砾土和角砾土路基填料，在不同压实设备和压实功下模拟加筋路堤施工过程的真实状态，对施工损伤后的土工格栅进行表观损伤评估和强度测试，从而确定施工损伤折减系数的合理取值范围。

（1）试验材料

1）土工格栅。试验选用目前在加筋土结构中常用的不同厂家的三种 HDPE 单向土工格栅，技术指标符合国家标准，外观无损伤，力学参数见表 7-2。

表 7-2　单向塑料土工格栅力学参数

样品编号	土工格栅规格	拉伸强度 (kN/m)	标称伸长率 (%)	2%应变拉力 (kN/m)	5%应变拉力 (kN/m)
1	TGDG130HDPE	137.7	10.4	36.5	72.0
2	TGDG120HDPE	123.1	9.70	39.4	65.5
3	TGDG90HDPE	97.9	8.1	24.0	46.5

2）路基填料。试验采用人工配制的五种土料，包括粗、中圆砾土和粗、中角砾土及砂土，分别编号为 T1（砂土）、T2（偏细圆砾土）、T3（偏粗圆砾土）、T4（偏细角砾土）、T5（偏粗角砾土）。经筛分得到的五种填料平均粒径 d_{50}（通过率为 50%的颗粒粒径）值见表 7-3。

表 7-3　施工损伤试验用不同类型填料的 d_{50} 值

填料类型	T1	T2	T3	T4	T5
d_{50}（mm）	1.5	6.1	13.2	6.7	12.6

3）试验工具。铁锹、钢尺、压路机（25t）、1m 长木尺、30m 卷尺、挖掘机、铲车、手推车、土工格栅剪刀、U 形钉、铁锤等。

（2）试验过程

分别采用了标准碾压（以压实度达到 95％为准）、双倍碾压（碾压遍数是标准碾压的 2 倍）和双层碾压（土工格栅上面第 1 层填土碾压到 95％的压实度标准后又填第 2 层土，并将第 2 层土也碾压到 95％的压实度标准）三种碾压方式，使用自重 25t、激振力 40t 的光面钢轮压路机振动碾压。上述试验方案包含在同一个试验场区内，如图 7-8 所示。图 7-9 所示为部分试验过程。

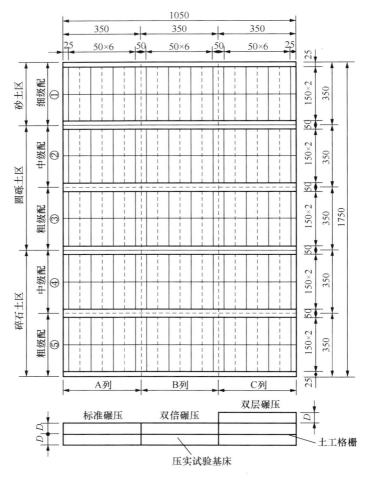

图 7-8　土工格栅施工损伤试验方案布置图（长度单位：cm）

注：D 为单层土的厚度

(a)场地平整　　　　　　　　　　　(b)放线

(c)铺设土工格栅　　　　　　　　(d)挖出土工格栅

图 7-9　施工损伤试验现场

（3）试验结果

不同级配的土在不同的压实方式下得到的 HDPE 单向土工格栅强度保留率（施工损伤后的土工格栅拉伸强度与施工损伤前的土工格栅拉伸强度之比）实测值见表 7-4。

表 7-4　HDPE 单向土工格栅强度保留率实测值（％）

土类	土工格栅试样编号											
	1			2			3			4		
	标准碾压	双倍碾压	双层碾压	标准碾压	双倍碾压	双层碾压	标准碾压	双倍碾压	双层碾压	标准碾压	双倍碾压	双层碾压
砂土	99	90	95	100	100	90	100	100	90	90	92	72
偏细圆砾土	91	80	89	95	91	91	93	89	84	82	77	74
偏粗圆砾土	79	63	66	83	82	68	72	75	80	62	68	56
偏细角砾土	94	91	63	98	90		92	92	92	84	57	82
偏粗角砾土	85	88	89	93			83	89	86		57	65

由表 7-4，在相同碾压方式下对砂土、偏细圆砾土、偏粗圆砾土或者砂土、偏细角砾土、偏粗角砾土的试验结果进行比较可知，强度保留率与土粒粗细存在着一定的关系，土粒越粗，强度保留率越低，且标准碾压的强度保留率高于双倍碾压和双层碾压。在压实方式和填料级配一定的情况下，土工格栅施工损伤后的强度保留率很大程度上与填料的颗粒形状有关，角砾土颗粒棱角比圆砾土尖锐，对土工格栅的损伤程度比圆砾土大，砂土中的施工损伤最小。

根据表 7-4 计算出的施工损伤折减系数见表 7-5，由此得到 HDPE 单向土工格栅在三种具有代表性的新疆粗粒土中的施工损伤折减系数实测值范围见表 7-6。

《公路土工合成材料应用技术规范》（JTG/T D32—2012）建议，土工格栅在粗粒土中的施工损伤折减系数取 1.2～1.6。FHWA 建议[3]，HDPE 单向土工格栅在Ⅰ类土（最大粒径 102mm，平均粒径 d_{50} 约为 30mm）中的施工损伤折减系数为 1.20～1.45。

表 7-5　HDPE 单向土工格栅施工损伤系数实测值

土类	格栅试样编号											
	1			2			3			4		
	标准碾压	双倍碾压	双层碾压	标准碾压	双倍碾压	双层碾压	标准碾压	双倍碾压	双层碾压	标准碾压	双倍碾压	双层碾压
砂土	1.01	1.11	1.05	1.00	1.00	1.11	1.00	1.00	1.11	1.11	1.09	1.39
偏细圆砾土	1.10	1.25	1.12	1.05	1.10	1.10	1.08	1.12	1.19	1.22	1.30	1.35
偏粗圆砾土	1.27	1.59	1.52	1.20	1.22	1.47	1.39	1.33	1.25	1.61	1.47	1.79
偏细角砾土	1.06	1.10	1.59	1.02	1.11		1.09	1.09	1.09	1.19	1.75	1.22
偏粗角砾土	1.18	1.14	1.12	1.08			1.20	1.12	1.16		1.75	1.54

表 7-6　HDPE 土工格栅施工损伤系数实测范围

填料类型	砂土	圆砾土	角砾土
施工损伤折减系数 RF_{ID}	1.00～1.39	1.05～1.79	1.02～1.75

因此，如果没有试验条件，综合考虑上述建议和表 7-6 所示的施工损伤试验结果，可参照表 7-7 选用 HDPE 单向格栅在新疆粗粒土中的施工损伤折减系数。

当粗粒土中含较多角砾或 60mm 以上颗粒含量较高时取大值，当砾石土中粗颗粒以圆砾、亚圆砾为主，或基本不含 60mm 以上颗粒时取小值。

表 7-7　HDPE 单向格栅在新疆砾石土中的施工损伤折减系数建议值

格栅类型	土的类别	施工损伤折减系数 RF_{ID}
HDPE 单向格栅	新疆砾石土	1.2~1.6

3. 界面阻力系数的确定

筋材的抗拉拔力与界面阻力系数直接相关。HDPE 单向土工格栅对新疆粗粒土的界面阻力系数 f_{sg}，高速公路、一级公路和二级公路建议采用《公路土工合成材料试验规程》（JTG E50—2006）规定的拉拔试验方法测定；其他等级公路，或高速公路、一级公路和二级公路的初步设计时，可按下式计算：

$$f_{sg} = \xi \tan\varphi \tag{7-1}$$

式中，φ——粗粒土的内摩擦角（°）；

　　　ξ——经验系数，可取 0.9~1.0。

《公路土工合成材料应用技术规范》（JTG/T D32—2012）建议取 $\xi=0.9$。

对 HDPE 单向土工格栅在三种典型新疆粗粒土中完成的拉拔试验成果见表 7-8。尽管在法向压力 $\sigma=150\text{kPa}$ 时，G314 粗粒土在含水率 $w=7.6\%$（比最佳含水率大 2%）和 S101 粗粒土在含水率 $w=6.6\%$（比最佳含水率大 2%）时的 ξ 小于 1.0，但根据新疆地区的工程经验，从土场新挖出的土，其含水率一般接近或略小于最佳含水率。由 G314 等改建工程中对原有路堤的土质调查数据可知，新疆地区公路竣工后达到平衡湿度状态时，其含水率一般也接近或略小于最佳含水率，而最佳含水率下，ξ 都大于 1.0，亦即界面综合摩擦角 φ_{sg}^* 大于土的内摩擦角 $\varphi(f_{sg}=\tan\varphi_{sg}^*)$。新疆粗粒土的渗透性好，即使在施工时土的含水率高于最佳含水率，但会在较短的时间内渗出。在没有地表水入渗，也没有地下水侵入的情况下，路基土会在短时间内达到平衡湿度状态。因此，一般情况下，可取 $\xi=1.0$。

表 7-8　HDPE 单向土工格栅与三种典型新疆粗粒土的拉拔试验成果

土料	土的含水率 w（%）	土的内摩擦角 φ（°）	界面阻力系数 f_{sg}				ξ			
			界面法向压力 σ（kPa）				界面法向压力 σ（kPa）			
			25	50	100	150	25	50	100	150
G314	5.6	41.5*	1.74	1.28	1.08	0.97	1.97	1.45	1.22	1.1
	7.6	41.5	1.37	0.99	0.96	0.87	1.55	1.12	1.09	0.98

土料	土的含水率 w（%）	土的内摩擦角 φ（°）	界面阻力系数 f_{sg}				ξ			
			界面法向压力 σ（kPa）				界面法向压力 σ（kPa）			
			25	50	100	150	25	50	100	150
S101	4.6	43.4*	1.81	1.49	1.11	1.01	1.91	1.58	1.17	1.07
	6.6	43.4	1.72	1.27	0.96	0.77	1.82	1.34	1.02	0.81
G7	6.4	41.7*	5.49	3.45	2.21	1.8	6.16	3.87	2.48	2.02
	8.4	41.7	3.13	2.73	1.74	1.51	3.51	3.06	1.95	1.69

注：G314、S101、G7 三种粗粒土的最佳含水率分别为 5.6%、4.6%、6.4%，最佳含水率时土的内摩擦角（带 * 的数值）近似地取比各自最佳含水率大 2% 时的实测值。

7.3 土工格栅加筋粗粒土路堤设计

7.3.1 加筋粗粒土坡的破坏模式和稳定性要求

1. 破坏模式

不同文献对加筋粗粒土坡破坏模式的分类略有不同，但本质上没有区别。这里以《公路土工合成材料应用技术规范》（JTG/T D32—2012）和《公路路基设计规范》（JTG D30—2015）为依据，结合不同破坏形式下的稳定性验算内容、分析方法和要求达到的最小安全系数大小，将加筋粗粒土坡的破坏分为内部稳定破坏和外部稳定破坏两种类型。

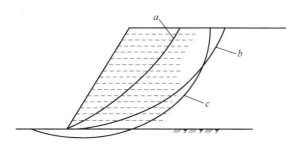

图 7-10 加筋路堤内部稳定破坏形式

（1）内部稳定破坏

滑动面穿过整个加筋区域（图 7-10 中 a 滑动面）或部分穿过加筋区域（图 7-10 中 b 滑动面和 c 滑动面）的破坏，称为内部稳定破坏。这种破坏可能由筋材拉断或拔出而引起，或既由筋材拉断也由筋材拔出而引起。

（2）外部稳定破坏

滑动面位于加筋区背后和基底或基底以下、不穿过加筋区的破坏，称为外部稳定破坏。可能的破坏形式包括沿基底平面滑动破坏［图 7-11（a）］、深层滑动破坏［图 7-11（b）］、局部承载力不足破坏（软基侧向挤出）［图 7-11（c）］和地基过量沉降破坏［图 7-11（d）］四种。

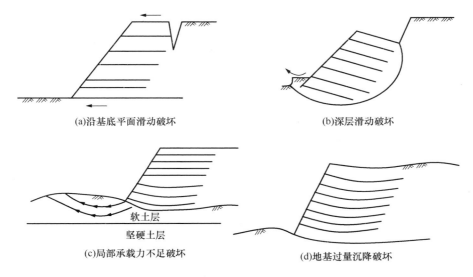

(a)沿基底平面滑动破坏

(b)深层滑动破坏

(c)局部承载力不足破坏

(d)地基过量沉降破坏

图 7-11　加筋路堤外部稳定破坏形式

不管对加筋土路堤的破坏模式如何分类，只要将所有可能的破坏形式都包含在内、没有遗漏即可。上述分类与《公路土工合成材料应用技术规范》（JTG/T D32—2012）一致，只不过进一步明确了内部稳定破坏的具体形式。

图 7-10 中 c 滑动面也属于深层滑动，本质上与图 7-11（b）所示的深层滑动破坏没有区别，只是因其滑动面穿过了部分筋材，需对筋材的抗拉强度和抗拔能力进行验算，其他方面二者并无不同。

2. 稳定性要求

根据《公路土工合成材料应用技术规范》（JTG/T D32—2012）的规定，加筋路堤的稳定性分析应根据《公路路基设计规范》（JTG D30）的规定，分别考虑正常工况、非正常工况Ⅰ（暴雨工况）和非正常工况Ⅱ（地震工况），不同工况下均应满足内部稳定性和外部稳定性的要求，具体稳定性分析内容和要求达到的稳定安全系数见表 7-9 和表 7-10。上述不同工况含义如下［见《公路路基设计规范》（JTG D30—2015）］：

正常工况：路基投入运营后经常发生或持续时间长的工况。

非正常工况Ⅰ：路基处于暴雨或连续降雨状态下的工况。

非正常工况Ⅱ：路基遭遇地震等荷载作用的工况。

表7-9　加筋路堤稳定性分析内容和稳定安全系数

破坏模式		分析内容	稳定安全系数 F_s
内部稳定破坏	滑动面位于堤身	堤身稳定性	满足现行《公路路基设计规范》(JTG D30) 要求，见表7-10
	滑动面穿过地基	堤身与地基整体稳定性	满足现行《公路路基设计规范》(JTG D30) 要求，见表7-10
	筋材拔出	抗拔稳定性	1.5（粒料土）；2.0（黏性土）
外部稳定破坏	沿基底平面滑动	沿基底平面滑动稳定性	1.3；考虑地震荷载时取 1.1
	深层滑动	深层滑动稳定性	满足现行《公路路基设计规范》(JTG D30) 要求，见表7-10
	路堤沿斜坡地基表面滑动	路堤沿斜坡地基滑动的稳定性	满足现行《公路路基设计规范》(JTG D30) 要求，见表7-10
	地基承载力不足	软基侧向挤出稳定性	1.3；考虑地震荷载时取 1.1
	过量沉降	沉降	满足现行《公路路基设计规范》(JTG D30) 要求

注：本表源自《公路土工合成材料应用技术规范》(JTG/T D32—2012) 中的表 4.4.2。

表 7-10　高路堤与陡坡路堤稳定安全系数

分析内容	地基强度指标	分析工况	稳定安全系数	
			二级及二级以上公路	三、四级公路
堤身的稳定性、路堤和地基的整体稳定性	采用直剪的固结快剪或三轴不排水剪指标	正常工况	1.45	1.35
		非正常工况Ⅰ	1.35	1.25
	采用快剪指标	正常工况	1.35	1.30
		非正常工况Ⅰ	1.25	1.15
路堤沿斜坡地基或软弱层滑动的稳定性	—	正常工况	1.30	1.25
		非正常工况Ⅰ	1.20	1.15

注：本表源自《公路路基设计规范》(JTG D30—2015) 中的表 3.6.11。

对于非正常工况Ⅰ，根据《公路路基设计规范》(JTG D30—2015) 的建议，结合新疆地区的降雨特点，对坡面 1m 厚度的土体按饱和状态考虑，其重度为饱和重度，黏聚力 $c=0$，内摩擦角 φ 与正常工况相同。

对于非正常工况Ⅱ，《公路工程抗震规范》(JTG B02—2013) 规定的验算范围见表 7-11，相应的稳定性要求见表 7-12。地震工况下，地震荷载按拟静力法计算，考虑边坡自重荷载，不考虑车辆荷载。

表 7-11　路基抗震稳定验算的范围

项目			基本地震动峰值			
			高速公路，一、二级公路			三、四级公路
			0.1g（0.15g）	0.2g（0.3g）	≥0.4g	≥0.4g
岩石、非液化土及非软土地基上的路堤	非浸水	用岩块及细粒土（粉性土、有机质土除外）填筑	不验算	$H>20$ 验算	$H>15$ 验算	$H>20$ 验算
		用粗粒土（极细砂、细砂除外）填筑	不验算	$H>12$ 验算	$H>6$ 验算	$H>12$ 验算
	浸水	用渗水性土填筑	不验算	$H_W>3$ 验算	$H_W>2$ 验算	水库地区 $H_W>3$ 验算
	地面横坡度大于 1：3 的路基		不验算	验算	验算	验算

注：1. H 为路基高度（m）；H_W 为路基浸水常水位的深度（m）。

　　2. 表中"地面横坡度大于 1：3 的路基"验算项目是指需验算路堤沿基底滑动的稳定性。

表 7-12　地震工况下路堤稳定安全系数

分析内容	分析工况	稳定安全系数		
		高速公路，一、二级公路		三、四级公路
		$H\leqslant20m$	$H>20m$	
堤身的稳定性、路堤和地基的整体稳定性	非正常工况Ⅱ	1.1	1.15	1.05
路堤沿斜坡地基滑动的稳定性	非正常工况Ⅱ	1.1		1.1

注：H 为路基高度（m）。

7.3.2　设计计算概要

1. 主要设计内容和设计流程

土工格栅加筋粗粒土路堤边坡的主要设计内容包括：几何要素（路堤高度、路堤宽度、边坡的坡率等），土工格栅加筋层的布局（层位、层间距、各层土工格栅的长度），土工格栅的设计抗拉强度、极限抗拉强度和规格。

土工格栅加筋粗粒土路堤边坡可按如图 7-12 所示的流程进行设计。图 7-12 来源于文献 [3]，但此处针对所讨论的情况做了必要的修改和简化。

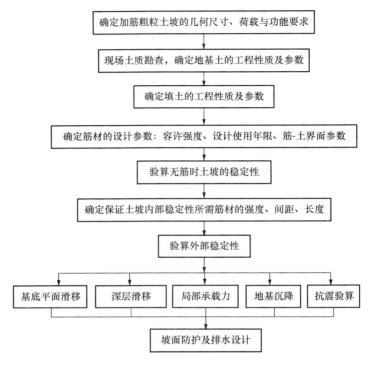

图 7-12 加筋粗粒土坡设计流程[3]

2. 设计方法概要

国标《土工合成材料应用技术规范》（GB/T 50290—2014）和公路规范《公路土工合成材料应用技术规范》（JTG/T D32—2012）基本采用美国联邦公路局 FHWA 的设计方法，但安全系数的要求和一些细节略有区别。以下基于 FHWA 的《加筋土挡墙和加筋土坡设计与施工指南》［*Design and construction of mechanically stabilized earth walls and reinforced soil slopes*，FHWA - NHI - 10 - 024/025（2009)][3] 和我国国标《土工合成材料应用技术规范》（GB/T 50290—2014)，以公路行业标准《公路土工合成材料应用技术规范》(JTG/T D32—2012) 为准则，给出适用于土工格栅加筋粗粒土路堤边坡的三种设计方法，即规范法、计算机辅助设计法和均质土坡法。这三种方法都严格遵守《公路土工合成材料应用技术规范》(JTG/T D32—2012) 的所有条款，计算理论和稳定性分析方法没有任何区别，仅计算手段和设计步骤不完全相同。其中，均质土坡法是本书提出的简化方法。

7.3.3　规范法

此处规范法的以下设计流程基于 FHWA 的加筋土结构设计和施工指南[3]，但结合公路规范[86]的要求做了必要修改。

第一步：确定加筋粗粒土坡的几何尺寸、荷载和安全性要求（图 7-13）。

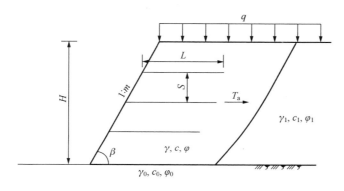

图 7-13　加筋粗粒土坡设计参数[3]

（1）确定加筋粗粒土路堤边坡的几何尺寸

结合公路的平、纵线形和路基横断面的设计等具体情况，按照安全、经济、实用的原则，确定土工格栅加筋粗粒土路堤的几何尺寸，包括坡高 H、坡率 m 或坡角 β。

土工格栅加筋粗粒土路堤的几何要素中，路堤高度和宽度的确定与普通路堤相同。加筋路堤适用的边坡高度在理论上没有限制，但实际上，其适用的最小高度应考虑是否经济而确定，而适用的最大高度主要受制于当前生产的土工格栅能够达到的最大抗拉强度[3]。如果不是收缩坡脚的需要（原地面相对平坦），一般情况下，当边坡高度小于 3m 时，加筋路堤的成本可能高于普通路堤[3]。坡高越大，要求土工格栅应达到的极限抗拉强度 T_{ult} 越高，当坡高达到某一较大高度时，所要求的 T_{ult} 会高于市场上现有产品的最高指标。按现有设计理论，土工格栅加筋路堤能达到的最大边坡高度将随土工格栅生产水平的发展而提高。

在路堤高度和宽度确定之后，再根据地形（主要是原地面横坡度）、土质、水文、地质、施工条件、费用等因素确定合理的边坡坡率 m（依方左英[143]著《路基工程》，称 m 为路堤边坡的坡率，见图 7-13）。当土工格栅加筋路堤应用于新疆山区的粗粒土路堤时，建议取 $m=0.5$，0.75 或 1，以便较明显地收缩坡脚和降低边坡高度，充分发挥加筋粗粒土坡的优势。

（2）确定坡顶荷载

坡顶荷载主要是车辆荷载，其他荷载可忽略不计。将车辆荷载按《公路工程技术标准》（JTG B01—2014）制定的车辆荷载布置图（图 7-14）化为均布荷载 q，将 q 分布于路基全宽范围内或距路肩外缘 0.5～0.75m 的路基范围内。参照图 7-14 和图 7-15，可得 q 的计算式如式（7-2）所示。因为三级和三级以上的公路，双向车道数都不小于 2，所以可按双车道计算 q 值，由式（7-2）得到 $q=15.6$kPa。

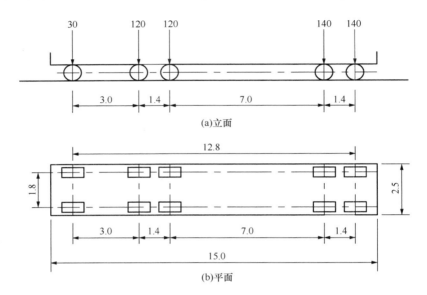

(a)立面

(b)平面

图 7-14　车辆荷载布置图（轴重力单位为 kN，长度单位为 m）[139]

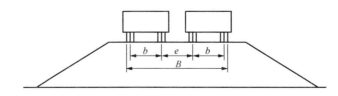

图 7-15　车辆荷载横向分布图[139]

$$q = \frac{NQ}{BL} \tag{7-2}$$

式中，q——坡顶荷载，kPa；

L——前后轮最大轴距，$L=12.8$m；

Q——一辆重车的重力，$Q=550$kN；

N——并列车辆数，双车道 $N=2$，单车道 $N=1$；

B——荷载横向分布宽度（图 7-15），按下式计算：

$$B = Nb + (N-1)e + d \tag{7-3}$$

其中，b——后轮轮距，$b = 1.8\text{m}$；

e——横向并排相邻两辆车后轮的中心间距，$e = 1.3\text{m}$；

d——轮胎着地宽度，$d = 0.6\text{m}$。

《公路工程技术标准》(JTG B01—2014) 和《公路路基设计规范》(JTG D30—2015) 对路堤边坡稳定分析时的车辆荷载如何计算没有明确规定，这里采用我国公路专业教材[143,144]中一直沿用的方法计算。

车辆荷载对较高路基边坡的稳定性影响较小，手工计算时，可近似将 q 分布在路基全宽上，以简化计算。当采用软件计算时，可按实际情况布置，如路肩边缘空出 0.5~0.75m，认为该范围内不可能有车轮到达。表 7-13 是坡率 $m=0.5$，加筋层距 $S=0.6\text{m}$，路堤填土的重度 $\gamma = 21\text{kN/m}^3$，黏聚力 $c=0$，内摩擦角 $\varphi = 37°$ 时，不同坡高 H 情况下，车辆荷载 q 在路基全宽满布和距路肩外缘 0.5m 开始布置所得加筋粗粒土坡安全系数 F_s 的对照表，从中可知，两种 q 的布置方式下 F_s 很接近，特别是坡高 $H \geqslant 10\text{m}$ 时，二者近似相等。

表 7-13　车辆荷载 q 的布置范围对加筋路堤边坡安全系数的影响

H（m）	N	T_a（kN/m）	F_{s1}	F_{s2}	$F_{s2} - F_{s1}$
4	6	11.5	1.431	1.468	0.037
10	16	24	1.457	1.464	0.007
20	33	44	1.460	1.462	0.002
30	49	66	1.460	1.462	0.002
50	83	100	1.420	1.421	0.001

注：1. 表中安全系数按《公路路基设计规范》(JTG D30—2015) 推荐的简化 Bishop 法算得。

　　2. 表中符号意义如下：N 为加筋层数；T_a 为每层筋材的设计抗拉强度；F_{s1} 为 q 在路基全宽布置时的安全系数；F_{s2} 为 q 距离路肩边缘 0.5m 开始布置时的安全系数。

（3）安全性要求

按表 7-9、表 7-10 和表 7-12 确定。

第二步：确定土的工程性质及参数。

（1）地基土及坡后原状土的类别和性质

地基土的工程性质和参数包括地基土的重度 γ_0、强度参数 c_0 和 φ_0，坡后原状土的重度 γ_1、强度参数 c_1 和 φ_1。

山坡上的加筋路堤，大多数情况下坡后原状土与地基属同一土层（图 7-16），这种情况下地基土及坡后原状土相同，不必区分。

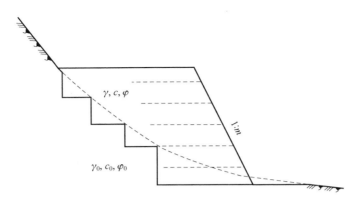

图 7-16　山坡上的加筋路堤示意图

（2）路堤填土的工程性质及参数

路堤填土的工程性质及参数包括土的颗粒级配、压实特性（最佳含水率、最大干密度）、分层压实厚度、重度 γ、强度指标 c 和 φ、土的 pH。

第三步：确定土工格栅抗拔出稳定安全系数 F_e。

对于粗粒土，$F_e=1.5$；对于黏性土，$F_e=2.0$；最小锚固长度 $L_e=2.0\mathrm{m}$。此处为粗粒土，所以 $F_e=1.5$。

第四步：验算未加筋粗粒土坡的稳定性。

（1）对未加筋粗粒土坡进行稳定性分析

用常规方法（如简化 Bishop 法、楔体平面滑动法等）搜索未加筋粗粒土坡安全系数 $F_{su} \leqslant F_s$（F_s 为要求加筋粗粒土坡达到的安全系数）的所有可能滑动面，并得出未加筋粗粒土坡的最小安全系数 F_{sumin}，如果 $F_{sumin} < F_s$，则有必要采用土工格栅加筋。

（2）确定需要加筋的临界区范围

将所有 $F_{su} \approx F_s$ 的潜在滑弧与平面滑动面绘在同一幅图中，各滑动圆弧和平面滑动面的外包线即为需要加筋的临界区（图 7-17），以此作为大致的加筋区范围。

图 7-17 中的上部临界区边界（CD 段）按圆弧滑动法确定，下部临界区边界（EC 段）按平面滑动（即楔体）法确定。

这里的平面滑动法可简单理解为将图 7-17 中的土体 AEFB 视为一刚性滑块，也相当于重力式挡墙，"墙背" EF 上受库仑主动土压力作用，计算挡墙沿基底 AE 滑动的安全系数。因为根据第 4 章所述的试验结果，HDPE 单向土工格栅与新疆粗粒土间的界面摩擦强度不低于粗粒土本身，所以按平面滑动验算时，最危

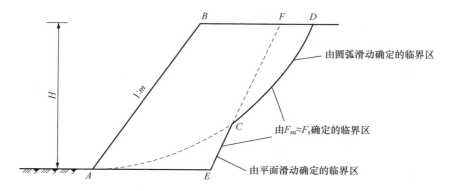

图 7-17　有待加筋的范围[3]

险滑动面为加筋体底面，而不是筋-土界面。

第五步： 加筋边坡设计。

（1）计算所需筋材总拉力 T_s

为达到要求的安全系数 F_s，对于在临界区内的每一个潜在滑动面，按下式计算所需的筋材总拉力 T_s（参见图 7-18）：

$$T_s = (F_s - F_{su}) \frac{M_D}{R} \tag{7-4}$$

式中，F_s——要求达到的安全系数，按表 7-9 和表 7-10 取值；

　　　F_{su}——未加筋时路堤圆弧滑动破坏稳定安全系数，可按《公路路基设计规范》（JTG D30—2015）推荐的简化 Bishop 法计算；

　　　R——滑弧半径（图 7-18），在式（7-4）中，R 实为筋材总拉力 T_s 对滑弧圆心的力臂，按照《公路土工合成材料应用技术规范》（JTG/T D32—2012）中柔性加筋材料的筋材拉力与滑弧相切的规定，该力臂在数值上与 R 相等；

　　　M_D——滑动力矩，可按下式计算，即

$$M_D = \sum (W_i + Q_i) R \sin\alpha_i \tag{7-5}$$

其中，W_i——土条 i 的重力；

　　　Q_i——作用于 i 土条竖直方向的外力，如车辆荷载等；

　　　α_i——条底滑动面与水平面的夹角。

在未加筋粗粒土坡临界区中搜索时，对每一个滑动面按式（7-4）都可求得一个对应的拉力 T_s，然后得到这些拉力的最大值 T_{smax}，作为需要筋材提供的总拉力。需要注意的是，T_{smax} 对应的滑弧不一定是未加筋粗粒土坡安全系数最小的

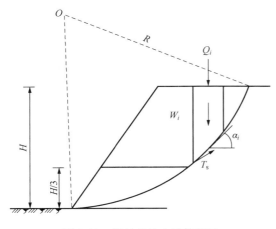

图 7-18　筋材总拉力计算图示

滑弧。

（2）用图解法校验 T_{smax} 的正确性

手工搜索得出 T_{smax} 的计算工作量较大，易遗漏。为检验所得 T_{smax} 是否有错，可根据图 7-18 快速确定筋材所需最大拉力，记为 T'_{smax}。如果 T_{smax} 与 T'_{smax} 相差明显，则应检查 T_{smax} 的搜索过程是否有错。同时，图 7-18 还提供了确定筋材长度的图解法，可用于检验筋材长度是否合适（各层筋材长度的具体确定步骤将在后文介绍）。

按图 7-18 确定 T'_{smax} 和筋材长度的步骤如下：

1）根据坡角 β 和 φ_{f} 在图 7-18 中查得土工格栅拉力系数 K，其中 φ_{f} 按下式计算：

$$\varphi_{f} = \tan^{-1}\left(\frac{\tan\varphi}{FR_{R}}\right) \tag{7-6}$$

式中，φ——加筋区填土的内摩擦角；

FR_{R}——筋材抗拉强度的安全系数，按照《公路土工合成材料应用技术规范》（JTG/T D32—2012）的规定，FR_{R} 与加筋粗粒土坡的整体安全系数要求相同，所以可按表 7-9 和表 7-10 取值。

2）按下式计算 T'_{smax}[145]：

$$T'_{smax} = 0.5K\gamma(H')^{2}$$

式中

$$H' = H + q/\gamma$$

其中，q 为车辆荷载。

3）由图 7-19（b）确定坡顶和坡底所需的土工格栅长度 L_{T} 和 L_{B}。

图 7-19 提供了一种简单、快速地检验计算结果的方法，它是 Schmertmann 等[145]基于双楔体法经大量计算而得到的经验曲线，满足以下条件时适用：①柔性可拉伸筋材；②填土为均质无黏性土（$c=0$）；③坡内无孔隙水压力（无地下水，无渗流）；④坚硬、水平的地基，即承载力足够；⑤无地震荷载；⑥坡顶作用均匀超载 $q \leqslant 0.2\gamma H$；⑦筋-土界面摩擦力较大，$\varphi_{sg}=0.9\varphi$，一般情况下为土

工格栅类筋材。

新疆地区的土工格栅加筋粗粒土路堤边坡一般都符合上述条件。

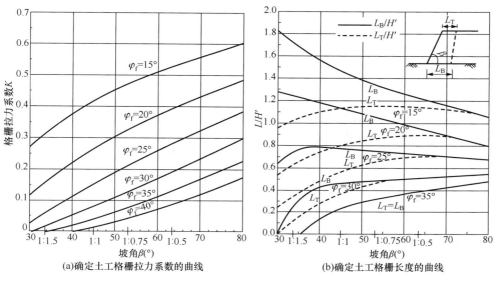

(a)确定土工格栅拉力系数的曲线　　(b)确定土工格栅长度的曲线

图 7-19　土工格栅最大拉力和土工格栅长度求解图[145]

（3）确定筋材拉力分配方案

如果坡高 $H \leqslant 6m$，则可将总拉力 T_{smax} 均匀分配给各层筋材，筋材可等间距布置。如果坡高 $H > 6m$，可沿坡高分为大致等高的 2～3 个加筋区（图 7-20），每个加筋区内各层筋材拉力均匀分配，各加筋区筋材拉力总和等于 T_{smax}。不同分区数量，各区的筋材拉力 T_Z 分配方案如下：

1 个分区时，$T_Z = T_{smax}$；

2 个分区时，底部 $T_Z = \dfrac{3}{4} T_{smax}$，上部 $T_Z = \dfrac{1}{4} T_{smax}$；

3 个分区时，底部 $T_Z = \dfrac{1}{2} T_{smax}$，中部 $T_Z = \dfrac{1}{3} T_{smax}$，上部 $T_Z = \dfrac{1}{6} T_{smax}$。

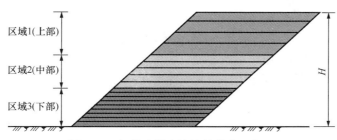

图 7-20　加筋路堤边坡筋材的分区布置

当坡高 $H>6\mathrm{m}$ 时，FHWA 建议[3]，既可像 $H\leqslant 6\mathrm{m}$ 的那样，筋材等间距布置，各层筋材均匀分布拉力，且应优先考虑此方案；也可沿坡高分为大致等高的 2~3 个加筋区，每个加筋区内各层筋材拉力均匀分配，各加筋区筋材拉力总和等于 T_{smax}。

加筋土坡内各层筋材的实际受力，如果像加筋土挡墙那样以土压力理论来计算，则与筋材层位有关，即与筋层埋深（上覆土层厚度）成正比，顶层筋材拉力最小，底部筋材拉力最大。如《土工合成材料应用技术规范》（GB/T 50290—2014）即这样考虑筋层拉力分布。《公路土工合成材料应用技术规范》（JTG/T D32—2012）也认为加筋土坡中位于中下部的筋材对路堤稳定的贡献大，所以推荐采用上疏下密的布筋方式。

有限元分析结果表明[89,146]，当将筋材视为线弹性材料时，在工作荷载下，加筋边坡中各层筋材的最大拉力从上到下呈三角形分布，如采用强度折减法对土体强度进行折减，随折减系数的增大，则逐渐向梯形分布变化，上部和下部各层筋材的拉力差别越来越小，达极限状态时，差别已不是很大。当将筋材用弹塑性模型来模拟时，也会得到与上述相似的结果，且达到极限状态时各筋层的拉力是相等的（都达到屈服极限）。

许多现场实测的筋材拉力数据表明，在工作状态下各筋层的拉力与筋层位置关系不大[2,7,13,141]，作者的现场实测数据也得到了这样的结果。这与上述有限元计算结论不完全相符。可能的原因是筋材的拉伸变形主要是施工过程的土层摊铺和碾压引起的，碾压使土体达到了超固结状态，竣工后路堤的自重并不引起新的沉降，所以不论筋材处于哪个层位，实际的拉伸变形是相近的（假定筋材是同型号的，具有一样的拉伸刚度）。基于这样的理由，FHWA 的加筋土结构设计和施工指南[3]才建议高度大于 6m 时也可优先采用一个加筋区。而 Leshchinsky Dov[7]认为，即使是坡角大于 70°的加筋土挡墙，各层筋材拉力也是均匀分布的，更不必说加筋土坡了。

所以，加筋土坡筋层间的拉力如何分配，还值得深入研究。目前，《土工合成材料应用技术规范》（GB/T 50290—2014）和公路行业标准《公路土工合成材料应用技术规范》（JTG/T D32—2012）都建议将 $H>6\mathrm{m}$ 的土坡分成 2~3 个加筋区，这里也建议加筋粗粒土路堤设计时应按照规范建议的方法进行分区。

（4）确定筋材竖向间距 S，或各加筋区每层筋材的拉力 T_j

可按下式计算确定：

$$T_j=\frac{T_Z S}{H_Z}=\frac{T_Z}{N_Z}\leqslant T_{\mathrm{a}} \tag{7-7}$$

式中，S——各加筋区筋材竖向间距，m；

　　　　H_Z——各加筋区高度，m；

　　　　N_Z——各加筋区的筋材层数；

　　　　T_Z——各加筋区的筋材总拉力，kN/m；

　　　　T_j——各加筋区每层筋材的拉力，kN/m；

　　　　T_a——筋材设计抗拉强度，kN/m，按式（6-3）确定。

　　计算时，可以先假定土工格栅加筋层间距 S（如前所述，建议 S 在 0.3～0.6m 范围内选择），再由式（7-7）计算出 T_j，然后取 T_a 不小于 T_j，由式（6-3）确定土工格栅应达到的极限抗拉强度 T_{ult}。如果 T_{ult} 在合适的范围内（不能大于市场上能买到的最高规格土工格栅的标称强度），则假定的土工格栅加筋层间距 S 合适；如果 T_{ult} 过高，则应减小 S，直至合适为止。

　　（5）重新计算 T_s

　　为了确保上述筋材拉力分布的经验方法对重要与复杂的加筋边坡可靠，假定潜在滑动面通过每层加筋层以上，按式（7-4）重新计算 T_s。

　　（6）确定筋材所需长度

　　每层主筋跨过最危险滑动面（即对应于 T_{smax} 的滑弧）伸入稳定区土体中的锚固长 L_e 必须能提供足够的抗拔力，为此，应按式（7-8）计算 L_e[86]。如果计算出的 $L_e<2$m，则应取 $L_e=2$m。

$$L_e = \frac{T_j F_e}{2 f_{sg} \alpha \sigma'_v} \tag{7-8}$$

式中，T_j——第 j 层筋材所受拉力（kN/m），按式（7-7）计算；

　　　　f_{sg}——界面阻力系数（又称拉拔阻力系数或拉拔摩擦系数）；

　　　　α——考虑筋材与土相互作用的非线性分布效应系数，资料缺乏时，土工格栅取 0.8，土工织物取 0.6；

　　　　σ'_v——筋-土界面的有效正应力（kPa），可按作用于筋材上土的自重应力计算；

　　　　F_e——筋材抗拔出安全系数，对粒料土 $F_e=1.5$。

　　1）将按式（7-8）计算出的 L_e 绘在包含加筋临界区的横断面图上（图 7-21）。

　　2）底部筋材的长度一般由加筋体沿基底的平面滑动稳定性要求控制。

　　3）底部筋材必须延伸到加筋临界区的边界上（图 7-21）。

　　4）上部筋材不一定要延伸到加筋临界区边界，只要底部筋材提供了足够的筋材拉力，以至加筋临界区内任何滑弧对应的安全系数都不小于要求达到的 F_s 即可[3]。

5）检查通过每一个滑动面的筋材总拉力是否大于所要求的 T_s。

6）如果有效加筋层的拉力不够，就增加没有跨过滑动面筋层的长度，或增加底部筋材的抗拉强度。

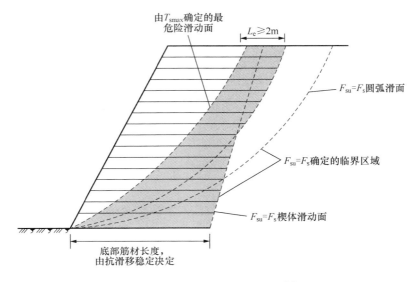

图 7-21　筋材长度确定示意图[3]

注：1. 阴影区表示需要伸入稳定区的最小筋材长度；

2. 此图来源于文献［3］，但原图中 $L_e \geqslant 1m$

① 通常，除底部筋材外，上部的筋材一般都不需要延伸到图 7-21 所示加筋临界区的边界。

② 为了简化筋长布置，可以加长某些筋层的长度，最终沿高度将边坡分为 2 个或 3 个等长的加筋区域（图 7-22）。

③ 利用图 7-19 确定的筋材长度 L_T 和 L_B（它们已包含锚固长度 L_e）检验各层筋材长度是否满足要求。

（7）检验筋材的设计长度

对于复杂的设计方案，需按下述方法进一步检验筋材的设计长度：

1）当边坡中有多个不同筋材长度的加筋区域时，可以提高底部区域筋材的强度，而缩短上部区域筋材的长度。

2）确定上述情形下的筋材长度时，必须对每一长度区域内所有筋材的抗拔能力进行仔细的检验。对某个长度区域的筋材长度进行检验时，假定临界滑动面通过该区域底部。

第六步： 外部稳定性验算。

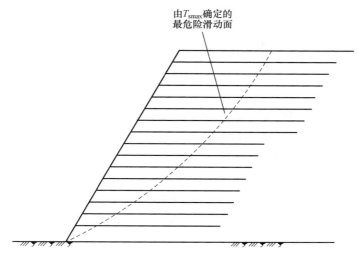

图 7-22　土工格栅按 2 个等长区布局

注：各层土工格栅的长度不小于图 7-21 中的对应长度

（1）沿底面滑动稳定验算

这时可以将加筋体当成一个刚性挡土墙进行沿墙底面的抗滑稳定性验算。《公路土工合成材料应用技术规范》（JTG/T D32—2012）建议的抗滑验算方法如图 7-23 所示，抗滑稳定安全系数 K_p 由式（7-9）计算[86]，其值应满足表 7-9 和表 7-10 的相应要求。

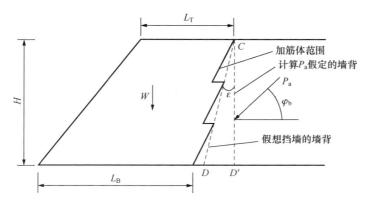

图 7-23　加筋粗粒土坡沿地基表面平面滑动稳定性计算图示

如果沿坡高有多个不同筋材长度的加筋区域，且上部区域的筋材长度比下部的短（像图 7-23 那样），必要时还应验算沿各区域底面的滑动稳定性是否满足要求。

$$K_{\mathrm{p}} = \frac{(W + P_{\mathrm{a}} \sin\varphi_{\mathrm{b}}) \tan\varphi_{\min}}{P_{\mathrm{a}} \cos\varphi_{\mathrm{b}}} \tag{7-9}$$

式中，W——加筋体重力，$\mathrm{kN/m}$；

$\qquad P_{\mathrm{a}}$——作用于加筋体的主动土压力，$\mathrm{kN/m}$，可用库仑主动土压力公式
$\qquad\qquad$计算；

$\qquad \varphi_{\mathrm{b}}$——加筋体后填土的内摩擦角（°），通常加筋体后的填土与加筋体的填
$\qquad\qquad$土是同一种土，这时 $\varphi_{\mathrm{b}} = \varphi$（路堤填土的内摩擦角），在加筋体背后
$\qquad\qquad$设有排水层时（图 7-24），则 φ_{b} 为排水层与填土间的摩擦角；

$\qquad \varphi_{\min}$——加筋体与地基间的摩擦角（°），取填土与筋材间、地基土与筋材间
$\qquad\qquad$摩擦角，或填土、地基土内摩擦角中的小者。

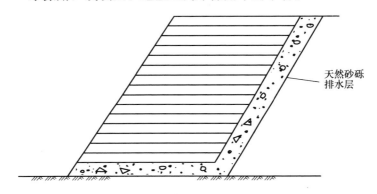

天然砂砾
排水层

图 7-24　加筋区背面设有排水层

此项验算时，把加筋体假想为重力式挡墙，该假想挡墙的墙背为 CD，是仰斜式挡墙。仰斜角度 ε 较大时，按库仑理论计算出的主动土压力实际上很小。特别是当出现 $\varepsilon > \varphi_{\mathrm{b}}$ 时，按库仑理论计算的主动土压力 P_{a} 的竖直分量方向向上，相当于对假想挡墙有向上的托举力，这实际上是不可能的，因为这时假想墙背 CD 的仰斜角度太大，墙背 CD 后的土体在理论上已能稳定（坡角小于天然休止角 φ_{b}），不需要挡墙支撑，也就不会对挡墙有土压力作用。所以，《公路土工合成材料应用技术规范》（JTG/T D32—2012）在计算 P_{a} 时，实际上是按墙背为竖直情况（图 7-22 中 CD'）考虑，即相当于把加筋区背后的三角区域 $\triangle CDD'$ 也看成挡墙的一部分，这样才有式（7-9）成立。按理式（7-9）中的 W 应计及加筋区土体 $\triangle CDD'$ 的自重，但《公路土工合成材料应用技术规范》（JTG/T D32—2012）建议 W 按加筋区土体重力计算，这样偏于安全。

新疆山区的土工格栅加筋粗粒土路堤常需建在原地面较陡的山坡上，原山坡一般也是地质条件良好的粗粒土层，除开挖台阶外，应尽量减少对原地面的开

挖。这样就要求在满足底面抗滑稳定性要求的前提下，加筋路堤底部的筋材尽量短些，所以加筋体常会上宽下窄（图 7-25），这时就可能出现 $\varepsilon > \varphi_b$ 的情况。

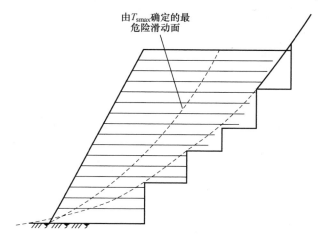

图 7-25　山坡上的加筋路堤

（2）沿斜坡地面滑动稳定验算

对于原地表横坡陡于 1 : 2.5 的加筋路堤，按《公路路基设计规范》(JTG D30—2015) 的要求，用不平衡推力法验算路堤沿斜坡地表的抗滑稳定性。参照图 7-26，稳定安全系数 F_s 按式（7-10）计算[95]。F_s 须满足表 7-10 的要求。

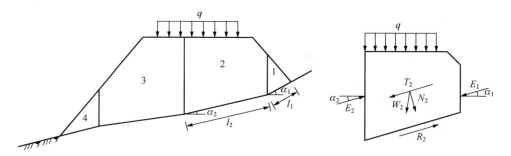

图 7-26　不平衡推力法计算图示

$$
\left.
\begin{aligned}
E_i &= W_{Qi}\sin\alpha_i - \frac{1}{F_s}(c_i l_i + W_{Qi} \cdot \cos\alpha_i \tan\varphi_i) + E_{i-1}\psi_{i-1} \\
\psi_{i-1} &= \cos(\alpha_{i-1} - \alpha_i) - \frac{\tan\varphi_i}{F_s}\sin(\alpha_{i-1} - \alpha_i)
\end{aligned}
\right\}
\tag{7-10}
$$

式中，W_{Qi}——第 i 个土条的重力与外加竖向荷载之和，kN/m；

α_i，α_{i-1}——第 i 个和第 $i-1$ 个土条底面与水平面的夹角（°）；

c_i，φ_i——第 i 个土条底的黏聚力（kPa）和内摩擦角（°）；

l_i——第 i 个土条底面的长度，m；

E_i，E_{i-1}——第 i 个和第 $i-1$ 个土条的剩余下滑力，kN/m；

ψ_{i-1}——推力传递系数。

对于第 1 个土条，有

$$E_0\psi_0 = 0$$

通过试算确定 F_s，条件是算出最后一个土条的剩余下滑力 E_n 约等于 0。或者，取 F_s 为要求达到的值（表 7-10），若计算出的 $E_n \leqslant 0$，则说明稳定性满足要求；否则，稳定性不满足要求。

如果 F_s 不满足要求，可考虑将原地面开挖宽度不小于 2m 的台阶，将部分或全部土工格栅延伸到台阶上，那些跨过原地面线伸入台阶范围的长度不小于式（7-8）确定的锚固长度 L_e 且不小于 2m 的土工格栅层，在验算沿斜坡地表滑动稳定性时可计入其抗拉作用，每层满足上述要求的土工格栅拉力大小为土工格栅设计抗拉强度 T_a，方向与条块底面平行。因此，可按下式计算 F_s：

$$\left.\begin{array}{l} E_i = W_{Qi}\sin\alpha_i - \dfrac{1}{F_s}(c_i l_i + W_{Qi}\cdot\cos\alpha_i\tan\varphi_i) + E_{i-1}\psi_{i-1} - n_i T_a \\[3mm] \psi_{i-1} = \cos(\alpha_{i-1} - \alpha_i) - \dfrac{\tan\varphi_i}{F_s}\sin(\alpha_{i-1} - \alpha_i) \end{array}\right\} \tag{7-11}$$

式中，n_i——穿过第 i 条块底面，且长度符合上述要求的土工格栅层数；

其他符号意义同式（7-10）。

（3）深层滑动稳定性验算

在未加筋粗粒土坡稳定性计算中可以发现是否存在深层滑动面，如果有，则还应对深层稳定性进行验算。

新疆粗粒土分布地区，地基一般都为良好的天然粗粒土层，地基土的抗剪强度高，出现深层滑动的可能性小。如果地基土的强度参数容易获取，在做稳定性分析时，将滑动面搜索范围延伸到坡脚以外，就可搜索出是否会发生深层滑动。地基土的强度参数难以取得时，可根据当地类似地段已有最高路堤来判断，当拟建加筋路堤高度不超过已有路堤高度时，可以不做深层滑动验算。

第七步：地震工况（非正常工况Ⅱ）稳定性验算。

按前述步骤确定加筋路堤方案后，需按《公路工程抗震规范》（JTG B02—2013）的规定，采用拟静力法对土工格栅加筋路堤进行抗震稳定性验算。做抗震验算时只考虑结构重力和土体重力，不考虑车辆荷载的作用。分析内容和方法与正常工况的相同，只是要将按拟静力法计算的地震荷载纳入其中。抗震稳定性要满足表 7-9 和表 7-12 的要求。

大量工程实例证明，加筋路堤的抗震性能优越，但按现行规范的规定，仍需做抗震验算。计算结果表明，正常工况能满足要求的土工格栅加筋粗粒土路堤，地震工况的稳定性一般都满足《公路土工合成材料应用技术规范》（JTG/T D32—2012）的要求。

第八步：暴雨工况（非正常工况 I）验算。

由于新疆粗粒土路堤透水性好，对典型新疆粗粒土做的饱和试样和非饱和试样大三轴试验结果表明，饱和土的内摩擦角 φ 与非饱和土的相等，所以降雨对新疆粗粒土路堤的内摩擦角影响可忽略，仅坡面约 1m 厚［按《公路路基设计规范》（JTG D30—2015）建议取该值］土层重度增大到饱和重度，但对边坡稳定系数几乎不产生影响［计算表明安全系数减小在 0.01 左右，远小于《公路路基设计规范》（JTG D30—2015）规定的正常工况与非正常工况 I 容许安全系数的差 0.1，见表 7-10］，所以不需要对非正常工况 I 进行验算。

7.3.4　计算机辅助法

上述规范法的设计步骤主要为手工计算提供方便，但计算工作量仍很大，可以利用专业的土坡稳定分析软件完成对未加筋粗粒土坡滑动面的搜索和最大筋材总拉力 T_{smax} 的确定，这样可以简化手工计算。还可利用考虑筋材作用的土坡稳定分析软件，更快地确定设计方案，这就是下面要介绍的计算机辅助法，其主要设计步骤如下。

第一步：根据前述对土工格栅加筋层间距的要求，参考图 7-19 所示筋材长度和筋材所需总拉力的确定方法，结合工程经验，初步拟定一个加筋粗粒土坡的设计方案，包括土工格栅层数 N、层间距 S、每层土工格栅的长度 L_i 和设计抗拉强度 T_a（此时可按每层土工格栅强度都相等考虑）。

第二步：采用软件对拟定的加筋路堤的堤身稳定性、堤身与地基的稳定性进行分析。按《公路土工合成材料应用技术规范》（JTG/T D32—2012）的建议，采用简化 Bishop 法计算假定滑动面的安全系数，将搜索滑动面入口范围定在坡顶，滑动面出口范围可从坡面到坡脚以外，这样就一并完成了堤身稳定性和堤身与地基整体稳定性的分析，得到加筋粗粒土坡的安全系数 F_{sg} 和对应的最危险滑动面，如图 7-27 中示例所示。

第三步：将上一步计算得到的安全系数 F_{sg} 与规范要求的安全系数（见表 7-9 和表 7-10）F_s 进行对比，如果 F_{sg} 等于或略大于 F_s，则说明拟定的布筋方案既安全又经济，拟定的土工格栅层间距 S 和土工格栅抗拉强度 T_a 合适。这时可检查

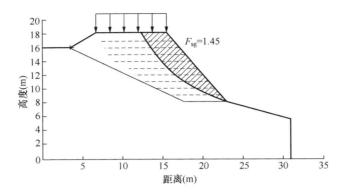

图 7-27 加筋路堤最危险滑动面和安全系数

土工格栅伸入最危险滑动面的锚固长度 L_e 是否满足规范[86]要求，如果过长，可适量缩短，不足的必须加长。筋材长度改变后，还需按第二步重新搜索最危险滑动面和安全系数 F'_{sg}，因为土工格栅缩短后的区域可能会变成最危险滑动面通过的区域。如果搜索出的最危险滑动面向坡内移动，以致某些层位的土工格栅锚固长度小于规范[86]要求，甚至 F'_{sg} 比 F_{sg} 小，则应增加这些土工格栅层的长度，再重复做稳定性分析，直到每层土工格栅的锚固长度都满足要求，安全系数 $F'_{sg}=F_{sg}$ 为止。如果第二步计算出的 F_{sg} 过大，则可减小土工格栅抗拉强度 T_a，或增加土工格栅层间距 S；反之，如果 $F_{sg}<F_s$，则提高 T_a，或减小 S。

第四步：进行外部稳定性验算。同"规范法"。

7.3.5 均质土坡法

1. 土工格栅加筋粗粒土坡的几何形式

结合工程实践，建议加筋土坡采用以下三种几何形式。

1）单级坡：边坡为单一坡率（$1:m$），不设边坡平台。

2）8m 分级坡：从坡顶向下每隔 8m 高设宽度为 2m 的边坡平台，各级边坡的坡率相同（$1:m$）。

3）10m 分级坡：从坡顶向下每隔 10m 高设宽度为 2m 的边坡平台，各级边坡的坡率相同（$1:m$）。

2. 均质土坡法的计算公式

均质土坡法计算公式已在第 6 章详细介绍，详见第 6 章相关内容。

3. 均质土坡法的适用条件

1) 地基良好，即地基承载力足够，且不会发生滑动面伸入地基之中的破坏。

2) 加筋材料为柔性的土工合成材料。

3) 加筋层间距 $S=30\sim80$cm。

4) 路堤填土为无黏性的粗粒土，黏聚力 $c=0$，内摩擦角 $\varphi=35°\sim40°$。

5) 边坡高度 H 的适用范围：单级坡，$H=4\sim50$m；10m 分级坡，$H=11\sim$ 30m（10m$<H\leqslant$11m 时按 $H=11$m 计算）；8m 分级坡，$H=9\sim32$m（8m$<H\leqslant$9m 时按 $H=9$m 计算）。

6) 无地震作用。

4. 均质土坡法的设计步骤

以下 1）～3）步同规范法第一至第三步：

1) 确定加筋粗粒土坡的几何尺寸、荷载和安全性要求。

2) 确定土的工程性质及参数。

3) 确定土工格栅抗拔出安全系数 F_e。

4) 确定满足稳定性要求的均质土坡的黏聚力 Δc_m。

记土工格栅加筋粗粒土坡的安全系数为 F_{sg}，要求达到的安全系数为 F_s（F_s 取值见表 7-9 和表 7-10）。加筋路堤填料的物理力学指标：黏聚力 $c=0$，内摩擦角为 $\varphi\in[35°, 40°]$，重度为

$$\gamma = \rho_{dmax}g(1+w_{op})K \tag{7-12}$$

式中，w_{op}，ρ_{dmax}——粗粒土的最佳含水率和最大干密度；

$\qquad\qquad g$——重力加速度，$g=9.81$m/s^2；

$\qquad\qquad K$——压实度标准，按下路堤取值。

新疆粗粒土路堤重度 γ 一般为 $21\sim23$kN/m^3，通常可取 $\gamma=21$kN/m^3 或 22kN/m^3，因为 γ 在 $21\sim23$kN/m^3 范围内取值时对加筋粗粒土坡安全系数的计算结果影响很小，可以忽略。

假定一个 Δc 值，计算均质土坡（黏聚力为 Δc，内摩擦角为 φ，重度为 γ）的安全系数 F_{sj}，再由式（6-10）计算出加筋粗粒土坡的安全系数 F_{sg}。假定多个 Δc 值，重复这样的计算过程，得到 F_{sg}-Δc 关系曲线，按 $F_{sg}=F_s$，在此曲线上查出满足稳定性要求的 Δc_m（图 7-28 为一个示例）。

均质土坡的安全系数可用手工计算，或采用软件计算，手工计算时可采用简化 Bishop 法，软件计算时可采用简化 Bishop 法，也可采用 Morgenster－Price

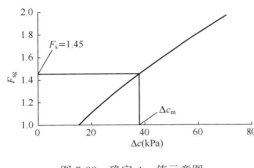

图 7-28　确定 Δc_m 值示意图

法、Price 法、Janbu 法等严格条分法。严格条分法理论上更严密，结果更可信，与简化 Bishop 法计算出的安全系数相差不大，其计算结果可作校核用。根据《公路路基设计规范》（JTG D30—2015）的要求，需以简化 Bishop 法计算结果为准，因为边坡的稳定安全标准是根据简化 Bishop 法配套制定的。

5）计算所需筋材总拉力 T_{smax}。令 $\Delta c = \Delta c_m$，此时由式（6-6）计算所得的 $\sum_{i=1}^{N} T_{ai}$ 即为所需筋材的总拉力 T_{smax}，即

$$T_{smax} = \sum_{i=1}^{N} T_{ai} = 2H \cdot \Delta c_m \cdot \cot(45° + \varphi/2) \qquad (7\text{-}13)$$

6）确定筋材布局。同规范法。

7）确定筋材竖向间距 S，或各加筋区每层筋材的拉力 T_j。同规范法。

8）确定筋材所需长度。以 $\Delta c = \Delta c_m$ 的等代均质土坡的最危险滑弧（记为 C_j）近似作为加筋粗粒土坡的最危险滑弧（记为 C_{sg}，见图 7-29），按式（7-8）确定每层土工格栅跨过最危险滑弧 C_{sg} 伸入稳定区的最小锚固长 L_e。为了简化筋长布置，可以加长某些筋层的长度，沿高度将边坡分为 2 个或 3 个等长的加筋区域（图 7-29）。

计算结果表明，满足均质土坡法适用条件的土工格栅加筋粗粒土坡，其最危险滑弧 C_{sg} 与对应的等代均质土坡的最危险滑弧 C_j 或重合或接近。因此，以滑动面 C_j 作为预估的加筋粗粒土坡滑动面，并以滑动面 C_j 作为加筋临界区，确定各层筋材所需长度。

9）检验加筋粗粒土坡的内部稳定性和各层土工格栅长度是否满足要求。用简化 Bishop 法，在图 7-29 所示滑动面 C_j 两侧附近区域内（图 7-30）搜索加筋粗粒土坡的最危险滑弧 C_{sg} 和对应的加筋粗粒土坡安全系数 F_{sg}，将安全系数 F_{sg} 与规范要求的安全系数 F_s（见表 7-9 和表 7-10）进行对比，按以下两种情况分别处理：

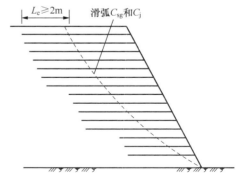

图 7-29　土工格栅长度确定示意图

①如果 F_{sg} 等于或略大于 F_s，则说明加筋粗粒土坡的内部稳定性满足要求。如加筋粗粒土坡的最危险滑弧 C_{sg} 与对应的等代均质土坡最危险滑弧 C_j 不重合，需检查每层土工格栅跨过最危险滑弧 C_{sg} 伸入稳定区的最小锚固长度（简称相对于滑弧 C_{sg} 的锚固长度，下同）L_e 是否满足规范要求，如果 L_e 不满足要求，则加长相应层位的土工格栅长度至 L_e 满足要求即可。

②如果 $F_{sg} < F_s$，则可能存在以下两种情形：

a. 每层土工格栅都跨过了加筋粗粒土坡的最危险滑弧 C_{sg}，且相对于滑弧 C_{sg} 的锚固长度 L_e 不小于由式（7-8）确定的长度（即不会发生拔出破坏）。这时，首先适当提高全部或部分土工格栅的设计抗拉强度 T_a，使 F_{sg} 等于或略大于 F_s；再检查每层土工格栅的锚固长度 L_e 是否满足最小锚固长度 2m 的要求，如果不满足，则加长相应层位的土工格栅，以保证每层土工格栅的 $L_e \geq 2m$。

b. 部分或全部土工格栅相对于加筋粗粒土坡最危险滑弧 C_{sg} 的锚固长度小于由式（7-8）确定的长度（即因抗拔力不够而发生拔出破坏）。在这种情况下，一般 C_{sg} 与对应的等代均质土坡的最危险滑弧 C_j 相距较远（图 7-31），F_{sg} 与 F_s 也会相差较大。这时，需增加土工格栅的长度，重新计算加筋粗粒土坡的安全系数 F_{sg1}，确定与 F_{sg1} 对应的最危险滑弧 C_{sg1}，直到 F_{sg1} 等于或略大于 F_s，且每层土工格栅相对于滑弧 C_{sg1} 的锚固长度 L_e 满足规范要求为止。

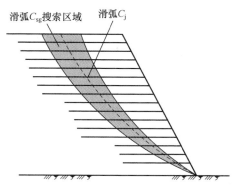

图 7-30　加筋粗粒土坡最危险滑弧 C_{sg}
搜索区域示意图

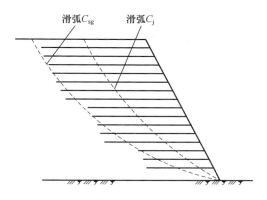

图 7-31　滑弧 C_{sg} 与 C_j 相距较远的
情形示意图

如前所述，计算结果表明，满足均质土坡法适用条件的土工格栅加筋粗粒土坡，其最危险滑弧 C_{sg} 与对应的等代均质土坡的最危险滑弧 C_j 或重合或非常靠近，所以一般不会出现如上所述的情况 b。

10）对滑动面出口位于坡面特征点（主要是不同筋材拉力分配区的底部、多级坡中每级坡的坡脚）的稳定性进行验算。

11）外部稳定性验算。同规范法。

7.3.6 设计算例

1. 基本资料

设高速公路中的某段路堤位于坚固的地基之上，无地下水和地表积水影响。

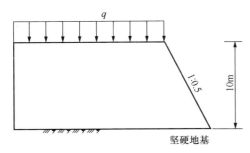

图 7-32 路堤边坡示意图

路基顶宽 26m，路堤边坡高度 $H=$ 10m，坡率 $m=0.5$（图 7-32）。为保证边坡的稳定性，拟采用土工格栅加筋结构。路堤填土为新疆粗粒土，重度 $\gamma=21\text{kN/m}^3$，黏聚力 $c=0$，内摩擦角 $\varphi=37°$。工程所在区域地震基本烈度为 8 级，基本地震动峰值加速度 $A_h=0.3g$。现需设计土工格栅布置方案，并确定土工格栅的型号。

2. "规范法"的设计步骤

（1）确定加筋粗粒土坡的几何尺寸、荷载和安全性要求

1）边坡的几何尺寸见图 7-32。

2）坡顶荷载 $q=15.6\text{kPa}$，分布在路基全宽上。

3）安全性要求。由表 7-9 和表 7-10 查得边坡稳定安全系数的要求如下：

堤身稳定性：$F_s \geqslant 1.45$（正常工况），$F_s \geqslant 1.35$（非正常工况 I）。

沿基底平面滑动稳定性：$K_p \geqslant 1.3$（正常工况），$K_p \geqslant 1.2$（非正常工况 I）。

根据表 7-11 的规定，不需进行地震工况验算。

（2）确定路堤土的物理力学参数

重度 $\gamma=21\text{kN/m}^3$，黏聚力 $c=0$，内摩擦角 $\varphi=37°$。

（3）确定土工格栅抗拔出稳定性要求

抗拔出安全系数 $F_e=1.5$，最小锚固长度 $L_e=2.0\text{m}$。

（4）验算未加筋粗粒土坡的稳定性

1）采用简化 Bishop 法计算未加筋粗粒土坡的稳定性，得到未加筋粗粒土坡的安全系数 $F_{sumin}=0.411 < F_s=1.45$，说明有必要采取土工格栅加筋，并搜索到所有 $F_{su} \approx F_s = 1.45$ 的滑动面（F_{su} 为未加筋粗粒土坡的安全系数）。

2）先将所有 $F_{su} \approx F_s = 1.45$ 的潜在滑弧绘在同一幅图中，各滑动圆弧的外包线与坡面包围的范围为按圆弧滑动确定的加筋临界区。再按平面滑动确定底部加筋临界区。根据作者的计算经验，对于土工格栅加筋粗粒土坡，可按以下简单方法确定。如图 7-33 所示，假定平行四边形 $ABCD$ 为重力式挡墙，墙宽 L 为底部所需筋材长度，按挡墙沿基底抗滑稳定安全系数 $K_p \geqslant 1.3$ 的要求确定 L 值。K_p 按式（7-9）计算。

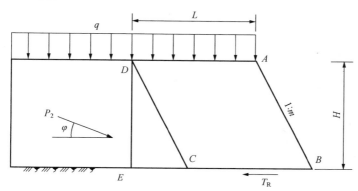

图 7-33　加筋体沿基底滑动示意图

考虑到《公路土工合成材料应用技术规范》（JTG/T D32—2012）规定筋材最小锚固长度不能小于 2m，建议土工格栅加筋层的最小长度不宜小于最小锚固长度的 2 倍，即 4m。如果按平面滑动稳定性要求（$K_p \geqslant 1.3$）确定的 L 小于4m，则取 $L = 4m$。

对于本例，式（7-9）中，$\varphi_b = \varphi$，φ_{min} 为粗粒土内摩擦角 φ 和粗粒土与单向土工格栅界面摩擦角 φ_{sg} 中的小者。φ_{sg} 由式（7-1）计算。

取式（7-1）中的 $\xi = 0.9$，则有

$$\varphi_{sg} = \tan^{-1}(\xi \tan\varphi) = \tan^{-1}(0.9\tan 37°) = 34.1°$$

所以

$$\varphi_{min} = \min\{\varphi, \varphi_{sg}\} = \min\{37°, 34.1°\} = 34.1°$$

在计算作用在墙背 CD 上的主动土压力时，按墙背为竖直情况计算，而墙体重力 W 为土体 $ABCD$ 的自重＋其上的荷载，这样计算偏于保守。取 $L = 4m$，经计算，得

$$W = \gamma HL + qL = 21 \times 10 \times 4 + 15.6 \times 4 = 902.4 \text{kN/m}$$

$$\begin{aligned} P_a &= \frac{1}{2}\gamma H^2 k_a + qH k_a \\ &= \frac{1}{2} \times 21 \times 10^2 \times 0.2331 + 15.6 \times 10 \times 0.2331 \\ &= 281.1 \text{kN/m} \end{aligned}$$

其中，k_a 为主动土压力系数，按库仑理论计算，$k_a = 0.2331$。

所以，由式（7-9）得到沿基底抗滑安全系数 $K_p = 3.24 > 1.3$，满足要求。由此得按平面滑动稳定性要求的加筋临界区边界 CD（见图 7-33，其中 $L = 4$m）。

综合圆弧滑动和平面滑动要求，得到加筋临界区如图 7-34 所示。

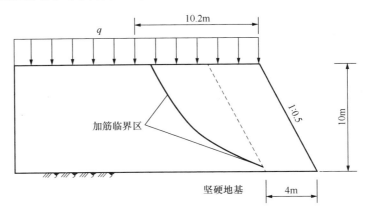

图 7-34　加筋临界区

（5）加筋边坡设计

1）计算所需筋材总拉力 T_{smax}。

对于临界区内的每一个滑动面，可按式（7-4）计算出一个对应的筋材总拉力，这些拉力的最大值就是所需筋材的总拉力 T_{smax}。

计算结果表明，最大筋材拉力对应的滑动面 C_{sg} 如图 7-35 所示，对应的未加筋粗粒土坡安全系数 $F_{su} = 0.786$。

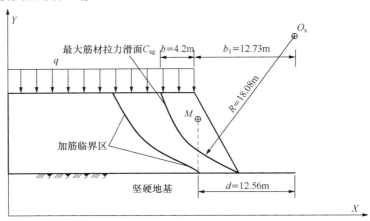

图 7-35　最大筋材拉力对应的滑动面

由图 7-35 中滑体的几何特征数据，得

$$M_D = \gamma A d + b q \left(\frac{b}{2} + b_1 \right)$$

$$= 21 \times 33.09 \times 12.56 + 4.2 \times 15.6 \times \left(\frac{4.2}{2} + 12.73 \right)$$

$$= 9699.5 \text{kN} \cdot \text{m/m}$$

将上述数据代入式（7-4），得

$$T_{smax} = (1.45 - 0.786) \times \frac{9699.5}{10.08} = 356 \text{kN/m}$$

2）根据图 7-19 校核筋材最大拉力。

因为 $\varphi_f = \tan^{-1} \left(\frac{\tan\varphi}{FR_R} \right) = \tan^{-1} \left(\frac{\tan 37°}{1.45} \right) = 27.5°$，根据坡比 1∶0.5 和上述 φ_f 的值，查图 7-19（a），得筋材拉力系数 $K = 0.23$。

因为 $H' = H + q/\gamma = 10 + 15.6/21 = 10.74$m，所以

$$T'_{smax} = 0.5 K \gamma (H')^2 = 0.5 \times 0.23 \times 21 \times (10.74)^2 = 279 \text{kN/m}$$

可见 $T_{smax} > T'_{smax}$，因此采用筋材总拉力 $T_{smax} = 356$kN/m 合适。

还可根据图 7-19（b）估计底面和顶面所需筋材长度 L_B 和 L_T。由图 7-19（b）查得

$$\frac{L_B}{H'} = 0.6, \frac{L_T}{H'} = 0.59$$

因此，有

$$L_B = 0.6 \times 10.74 = 6.44 \text{m}, L_T = 0.59 \times 10.74 = 6.34 \text{m}$$

考虑到 FHWA 要求的最小锚固长度为 1m[3]，而《公路土工合成材料应用技术规范》（JTG/T D32—2012）要求的最小锚固长度为 2m，所以应将按图 7-19（b）估算的 L_B 和 L_T 值再增加 1m 来确定初步方案中的布筋长度。本例可初步取各筋层长度为 8m，各层筋材的长度到底取多少将由最终的验算来确定。

3）确定筋材拉力分配方案。

坡高 $H > 6$m，分上部和底部两个加筋区进行拉力分配，每个区的高度都为 5m，各区拉力分配如下：

上部，$T_{Z1} = \frac{1}{4} T_{smax} = \frac{1}{4} \times 356 = 89$kN/m；

底部，$T_{Z2} = \frac{3}{4} T_{smax} = \frac{3}{4} \times 356 = 267$kN/m。

4）确定筋层间距 S 和筋材设计抗拉强度 T_a。

由于坡高不大，故在全高范围内采用统一的筋层间距 $S = 0.6$m，则上部和底

部都布设 8 层单向土工格栅，于是各区土工格栅的设计抗拉强度如下：

上部，$T_{a1} = \dfrac{89}{8} = 11.1 \text{kN/m}$，取 $T_{a1} = 12 \text{kN/m}$；

底部，$T_{a2} = \dfrac{267}{8} = 33.4 \text{kN/m}$，取 $T_{a2} = 34 \text{kN/m}$。

5）确定筋材所需长度。

按式（7-8）分别计算上部和底部筋材所需最小锚固长度，其中，$F_e = 1.5$，$f_{sg} = 0.9 \tan\varphi = 0.9 \tan 37° = 0.68$，$\alpha = 0.8$。

土工格栅上覆有效压应力 σ_v' 等于上覆土层自重应力。参见图 7-36，顶层土工格栅和底层土工格栅分别是上部和底部加筋区锚固段上覆土层最薄的土工格栅层，其上覆压应力分别为

$$\sigma_{v1}' = \gamma h_1 = 21 \times 0.6 = 12.6 \text{kPa}$$
$$\sigma_{v2}' = \gamma h_2 = 21 \times 1.2 = 25.2 \text{kPa}$$

由此可得上部和底部加筋层所需最小锚固长度为

上部 $\qquad L_{e1} = \dfrac{12 \times 1.5}{2 \times 0.68 \times 0.8 \times 12.6} = 1.31 \text{m}$

底部 $\qquad L_{e2} = \dfrac{34 \times 1.5}{2 \times 0.68 \times 0.8 \times 25.2} = 1.86 \text{m}$

上面计算所需锚固长度时偏于保守考虑。对于顶层来说，没有考虑车辆荷载的作用；对于底层来说，上覆土层厚度按锚固段上覆土层最薄处计算，如果按锚固段的平均上覆土层厚度计算则更合理些，但出于对锚固长度重要性的考虑，这里按最保守的方法计算。如果顶层所需锚固长度较长，则可将顶层的埋深设计得大些，以减小顶层土工格栅所需的长度。

可见，按筋材拉力计算的锚固长度都小于 2m，所以按 2m 计。

按每层土工格栅跨过滑面 C_{sg}（图 7-36）的锚固长度不小于 2m 的要求，参考按图 7-19（b）估算 L_B 和 L_T 值。又为了简化筋材布置，沿坡高分两个等长的加筋区：自上往下 1～14 层长 8m，15～16 层长 6m。初步确定筋材布局如图 7-37 所示。

6）对筋层布局初步方案进行校验。

通过对加筋临界区内所有滑动面的校核，发现当滑动面从第 9 层土工格栅与坡面的交点，即上部加筋拉力分配区（简称上部加筋区）的底部滑出时，筋材拉力不够，按前述计算筋材所需总拉力的方法，计算出上部加筋区所需筋材总拉力为 120kN/m，所以上部每层土工格栅的设计抗拉强度应从 12kN/m 增加至 120/8 = 15kN/m，此时边坡的最小安全系数为 1.46＞1.45，满足要求。

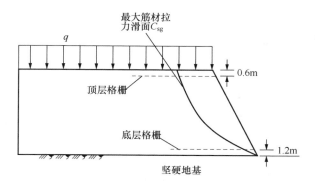

图 7-36　顶层和底层土工格栅锚固段上覆土层厚度

7）确定满足内部稳定性要求的加筋设计方案。

根据上述计算结果，得到满足内部稳定性要求的土工格栅布局如图 7-37 所示，各层土工格栅设计抗拉强度为：

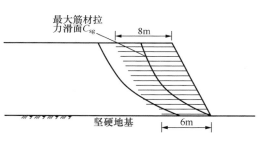

图 7-37　筋层布局初步方案

上部（自上向下 1～8 层），$T_{a1} = 15 \text{kN/m}$；

底部（自上向下 9～16 层），$T_{a2} = 34 \text{kN/m}$。

下面确定土工格栅的极限抗拉强度。

根据 7.2.2 节的分析，分别取蠕变折减系数 $RF_{CR} = 2.3$，老化折减系数 $RF_D = 1.2$，按表 7-7 取施工损伤系数 $RF_{ID} = 1.4$，所以总折减系数为

$$RF = RF_{CR} \cdot RF_D \cdot RF_{ID} = 2.3 \times 1.2 \times 1.4 = 3.86$$

故单向土工格栅应达到的极限抗拉强度如下：

上部（自上向下 1～8 层），$T_{ult1} = RF \cdot T_{a1} = 3.86 \times 15 = 57.9 \text{kN/m}$；

底部（自上向下 9～16 层），$T_{ult2} = RF \cdot T_{a2} = 3.86 \times 34 = 131.2 \text{kN/m}$。

据此确定土工格栅规格如下：

上部（自上向下 1～8 层），HDPE 单向土工格栅，规格为 TGDG60；

底部（自上向下 9～16 层），HDPE 单向土工格栅，规格为 TGDG140。

（6）外部稳定性验算

近似将加筋体视为与底层筋材长度（6m）等宽的重力式挡土墙，按与第 4 步相同的方法，求得挡墙沿底面滑动的稳定系数 $K_p = 4.6 > 1.3$，满足要求。

3. 均质土坡法的设计步骤

以下 1）～3）步同规范法（1）～（3）步。

1）确定加筋粗粒土坡的几何尺寸、荷载和安全性要求。

2）确定路堤土的物理力学参数。

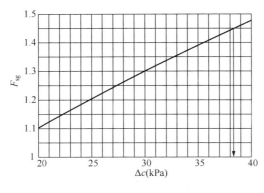

图 7-38 $F_{sg} - \Delta c$ 曲线

3）确定土工格栅抗拔出稳定性要求。

4）确定满足稳定性要求的均质土坡的黏聚力 Δc_m。

设土工格栅加筋粗粒土坡的安全系数为 F_{sg}，要求达到的安全系数为 $F_s = 1.45$，$F_{sg} - \Delta c$ 关系曲线如图 7-38 所示，从图中可查出当 $F_{sg} = 1.45$ 时 $\Delta c_m = 38.3\text{kPa}$。

5）计算所需筋材总拉力 T_{smax}。

令 $\Delta c = \Delta c_m$，由式（7-13）计算所需筋材总拉力 T_{smax}，即

$$T_{smax} = 2H \cdot \Delta c_m \cdot \cot(45° + \varphi/2)$$
$$= 2 \times 10 \times 38.3 \times \cot(45° + 37°/2) = 382\text{kN/m}$$

6）确定筋材布局。

① 确定筋材拉力分配方案。

与前述相同，分上部和底部两个加筋区进行拉力分配，每个区的高度都为 5m，各区拉力分配如下：

上部，$T_{Z1} = \dfrac{1}{4}T_s = \dfrac{1}{4} \times 382 = 95.5\text{kN/m}$；

底部，$T_{Z2} = \dfrac{3}{4}T_s = \dfrac{3}{4} \times 382 = 286.5\text{kN/m}$。

② 确定筋层间距 S 和筋材设计抗拉强度 T_a。

与前述同理，采用 $S = 0.6\text{m}$ 的等间距，于上部和底部都布设 8 层单向土工格栅，于是各区土工格栅的设计抗拉强度如下：

上部，$T_{a1} = \dfrac{95.5}{8} = 12\text{kN/m}$，根据前述计算结果可知，需取 $T_{a1} = 15\text{kN/m}$；

底部，$T_{a2} = \dfrac{286.5}{8} = 36\text{kN/m}$。

③ 确定筋材所需长度。

　　计算结果表明 $c=\Delta c_m=38.3kPa$，$\varphi=37°$ 的等代均质土坡的最小安全系数 $F_{sj}=$ 1.75，而与之对应的最危险滑动面 C_{sg} 与按规范法找到的筋材最大拉力对应的滑动面（图 7-35）完全相同。也就是说，等代均质土坡的最危险滑动面就是对应加筋粗粒土坡的最危险滑动面。按每层土工格栅跨过滑面 C_{sg}（图 7-35）的锚固长度不小于 2m 的要求和最小筋材长度不小于 4m 的建议，又为了简化筋材布置，沿坡高分两个等长的加筋区：自上往下 1～14 层长 8m，15～16 层长 6m。

　　后续计算步骤同规范法，不再赘述。

7.4　小　结

　　1）本章按照《公路土工合成材料应用技术规范》（JTG/T D32—2012）的要求，针对新疆地区的具体情况，对土工格栅加筋粗粒土路堤的设计方法和设计步骤做了详细的陈述和必要的解释，给出了三种设计方法。其中，规范法和均质土坡法都可以实现手工计算，后者比前者计算更简单，而计算机辅助法则需专业软件才能完成。

　　2）考虑到新疆粗粒土路基的分层压实厚度一般都在 30cm 及以上，新疆又是地震多发区，强震频繁，建议新疆地区的土工格栅加筋粗粒土路堤的加筋层距以 30～60cm 为宜。

　　3）新疆一些戈壁和高海拔的山区，气候和土质不适宜植物生长，推荐采用镀锌格宾石笼和 L 形混凝土预制块两种工程防护方案。这两种坡面防护方案有一个共同的优点，就是在施工时，石笼或 L 形预制块起模板作用，挡住边缘土体，使其容易压实，竣工后又是永久性的坡面防护结构。这样就没有必要设置临时模板，简化了施工工序，可以加快工程进度，从而降低工程造价，也避免了坡面反包材料在施工过程中长期暴露。

第8章 土工格栅加筋粗粒土路堤
工程应用

加筋路堤的受力机制、变形规律和稳定性不仅与加筋材料的力学特性、结构形式和筋层布置有关，还与填土的种类与性质、施工工艺与质量以及地形、地质、水文、气候等诸多因素有关，一般土工试验和模型试验都无法完全模拟现场施工方式和环境影响[147-151]，也不能克服尺寸效应的影响，所以现场试验观测是不可替代的重要手段。又由于土的组成、物理力学性质具有区域特性[152]，气候环境、水文、土质也因地区不同而各异，一个地区的现场试验结果不能完全代表另一个地区。所以，有必要结合新疆的实际情况，开展专门的现场试验观测，积累地区经验。

鉴于此，研究过程中在依托工程——S101线沙湾段公路工程建设项目上修筑了2段土工格栅加筋路堤试验路段。在试验路段的施工过程中埋设了土压力、土工格栅应变观测元件，建立了远程无线自动化观测系统，对施工过程中和竣工后加筋路堤中的土压力、土工格栅应变的变化情况进行了连续的监测，获得了完整的一手数据。经过对这些数据进行整理和分析，掌握了在工作状态下加筋路堤中土压力的分布规律和土工格栅的应力应变水平，为评价设计方法和施工工艺的合理性提供了参考依据。

8.1 依托工程概况

S101线沙湾段公路工程位于新疆维吾尔自治区塔城地区沙湾县境内，全长约60km，按三级公路设计，路基宽度8.5m，路面宽度7.0m，路面为沥青混凝土路面，标准轴载为BZZ-100。

S101线沙湾段沿线为低山丘陵地貌，局部为河谷地貌，海拔800～2000m，大部分路段山势较为平缓，表层覆盖第四系黄土及砾石层，间有山间盆地，植被较丰富，多为草本植物。该区域内第四系地层较为发育，各水系两岸均有冲洪积卵砾石地层，残积和风积覆盖层分布较广，主要为砾石土和低液限粉、黏土。路线区为国家重点地震监测区，属新疆中部地震区、北天山地震亚区，地震十分活跃，地震动峰值加速度为0.3g，抗震设防烈度为8度。

8.2　土工格栅加筋粗粒土路堤试验段概况

8.2.1　试验路段的选择

根据设计阶段的勘察资料，经现场调研，将土工格栅加筋粗粒土路堤试验段选在 2 段地面横坡较陡、需要收缩坡脚的路段，起止桩号分别为 K226＋100～K226＋230 和 K226＋600～K226＋702。

8.2.2　填料和土工格栅

两段土工格栅加筋试验路堤所用填料和土工格栅完全相同，填料为第 2 章中所述的 2# 粗粒土，其物理力学指标详见第 2 章；土工格栅为 TGDG80HDPE 单向土工格栅，由拉伸试验测得其力学性能指标如表 8-1 所示。

表 8-1　TGDG80HDPE 单向土工格栅力学性能指标

产品规格	拉伸强度 （kN/m）	2%伸长率时拉伸强度 （kN/m）	5%伸长率时拉伸强度 （kN/m）	标称伸长率 （%）
TGDG80HDPE	86.5	25.8	50.2	10.9

8.2.3　试验路堤结构方案

1. K226＋100～K226＋230 段路堤结构方案

该段路堤全长 130m，路堤边坡坡率为 1∶1，坡面采用混凝土骨架方格网防护，方格网骨架采用混凝土预制件铺砌，网格中填卵石。其中，K226＋100 断面边坡高度最大，为 14.52m。自坡顶以下 9m 的高度范围内设置主加筋层（简称主筋）和辅助加筋层（简称辅筋）。主筋层距 60cm，两层主筋中间设置一层辅筋，每层辅筋的长度都为 4m，含反包长度 2m。距坡顶 9m 以下的路堤内只设置主加筋层，层距为 40cm。主筋和辅筋均为如上所述的 TGDG80HDPE 单向土工格栅。具体布筋方案见表 8-2。

表 8-2　K226＋100～K226＋230 段加筋路堤土工格栅布置

土工格栅层位 （自下向上编号）	主筋				辅筋层数/ 每层总长度（m）
	层间距 （m）	铺设长度 （m）	反包长度 （m）	总长度 （m）	
第 19 层及以上	0.6	10.5	2.3	12.8	9/4
第 4～18 层	0.4	10.5	2.1	12.6	无
第 2～3 层		8.0	2.1	10.1	
第 1 层		6.0	2.1	8.1	

2. K226＋600～K226＋702 段路堤结构方案

该段路堤全长 102m，路堤边坡坡率为 1：0.75，坡面采用 0.8m×0.6m×3.0m 镀锌合金格宾石笼防护。其中，K226＋640 断面边坡高度最大，为 10.07m。此段路堤只设置层距 60cm 的主加筋层，不设置辅筋，具体加筋布置方案见表 8-3。

表 8-3　K226＋600～K226＋702 段加筋路堤土工格栅布置

土工格栅层位 （自下向上编号）	层间距 （m）	铺设长度 （m）	反包长度 （m）	总长度 （m）
第 10 层及以上	0.6	9.0	2.1	11.1
第 3～9 层		7.5		9.6
第 1～2 层		4.0		6.1

8.2.4　观测内容和观测目的

主要对土工格栅的拉伸应变和加筋路堤内的土压力进行观测，具体如下。

（1）观测土工格栅的拉伸应变

选定有代表性的土工格栅加筋层，在选定的每一土工格栅层上安装一定数量的专用柔性位移计，测量土工格栅的拉伸应变，以掌握在施工过程中和竣工后土工格栅拉伸应变沿土工格栅长度方向的分布情况。利用实测的土工格栅拉伸应变可以计算土工格栅实际发挥的拉力大小，了解施工过程中和竣工后土工格栅的实际拉力水平，评价其安全性。通过今后的长期观测，可以掌握土工格栅蠕变的大小，为今后在设计中合理选择蠕变折减系数提供依据。

（2）观测坡面防护受到的水平土压力

在石笼内侧和坡面土工格栅反包体附近埋设一定数量竖直摆放的土压力盒，

分别测量石笼与土体接触面上和坡面反包体的水平土压力。其目的是掌握加筋土体实际作用于坡面防护上的土压力大小，为护坡方案的设计提供参考（如坡面防护是否需要与筋材牢固连接、筋材在坡面上是否需要反包等都与这个力的大小有关），也可为加筋机理的分析提供参考。

（3）观测加筋路堤内竖向土压力和水平土压力

在加筋路堤中适当位置埋设一定数量水平摆放和竖直摆放的土压力盒，测量加筋土体内部的竖向和水平土压力，其目的是了解加筋对土压力分布的影响。竖向土压力的实测资料较多，但水平土压力实测资料却较少，本试验路段计划测量水平土压力，其目的是积累资料，并比较土的侧压力系数是否受到了土工格栅加筋层的影响。

8.2.5　观测断面选择和观测元件布设

在上述两段试验路堤中各选 1 个断面作为观测断面。在 K226＋100～K226＋230 段中，选择 K226＋140 为观测断面（记为 1 号监测断面）。此处虽然不是最高断面（最高断面是该试验段的起始断面），但刚好避开了加筋路堤与一般路堤衔接处的锥坡，便于设置观测站，边坡高度也较大（13.05m）。在 K226＋600～K226＋702 段中，则选择最高断面 K226＋640 作为观测断面（记为 2 号监测断面），其边坡高度为 10.07m。

两个观测断面的土压力盒和柔性位移计布设情况如图 8-1 和图 8-2 所示。

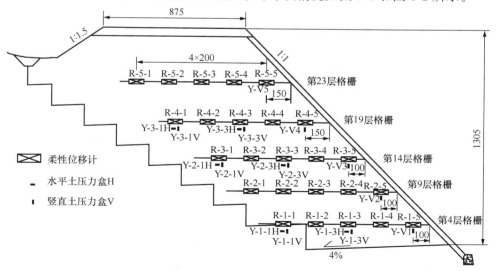

图 8-1　1 号监测断面（K226＋140）观测元件布置图（单位：cm）

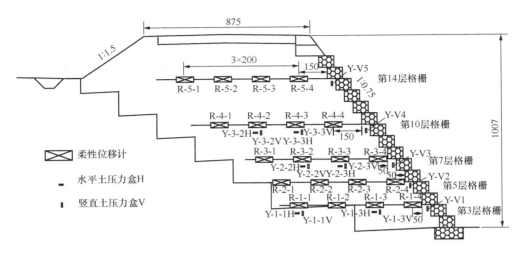

图 8-2 2 号监测断面（K226＋640）观测元件布置图（单位：cm）

8.2.6 观测元件和观测方法

采用长沙金码科技公司生产的智能柔性位移计、智能土压力盒和自动测试系统，实现远程观测。用到的主要观测元件和设备见表 8-4。

表 8-4 主要观测元件与设备

名称	型号	量程	单位	数量
智能土压力盒	JMZX－5010AT	0～2MPa	个	50
智能柔性位移计	JMDL－2405A	0～50mm	个	57
自动化综合测试系统	JMBV－1164	16/32 点	个	3
综合测试仪	JMZX－3001	750～3000Hz	套	1

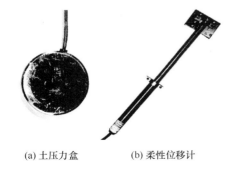

(a) 土压力盒   (b) 柔性位移计

图 8-3 埋设的观测元件

JMZX－5010AT 智能弦式数码土压力盒［图 8-3（a）］是一种测量土压力的钢弦式传感器，适合在各种条件下测量土体内部的应力。JMDL－2405A 柔性位移计［图 8-3（b）］是一种埋入式智能数码电感调频的位移计，由位移计、锚固卡、柔性测杆及测杆的柔性保护套等部件组成。

JMZX－3001 综合测试仪［图 8-4（a）］是一种便携式智能型多功能测试仪，可直接测量构件的应力、应变、压力、位移、温度、水位等物理量，测试速度快，精度高。JMBV-1164 自动化综合测试系统［图 8-4（b）］是一种功能强大的分布式全自动静态网络数据采集系统，由上位机、采集模块（MCU）、系统软件及相关配件组成。现场的采集模块（MCU）配接传感器（压力盒、位移计）。

(a) JMZX-3001综合测试仪　　　　　(b) 自动化综合无线监测系统

图 8-4　主要观测设备

8.3　试验路堤的施工

8.3.1　清表和挖台阶

按照《公路路基施工技术规范》（JTG F10—2006）和设计图纸的要求对路幅范围内原地面表层腐殖土、表土、草皮等进行清理，由下往上在原地面开挖台阶，台阶最小宽度为 2m，修成向内倾斜 4% 的横坡，并压实，压实度不小于 90%。

8.3.2　铺设土工格栅

土工格栅抗拉强度高的方向垂直于路堤轴线铺设，要求铺设在密实、平整的地基上或填土层上，地基或填土层表面严禁有碎石、块石等尖锐凸出物。拉紧、绷直土工格栅后，用 U 形钉将土工格栅固定于土层表面［图 8-5（a）］。铺设好的土工格栅应确保无划伤或断裂，必须平整、紧绷，不得褶皱、重叠、卷曲和扭结［图 8-5（b）］。

每层土工格栅铺设前根据设计长度确定其剪裁长度，尽量避免在主受力方向连接；必须连接时，采用同等强度的专用连接棒连接。沿路基横向铺设的相邻两幅土工格栅应相互搭接，搭接宽度为 5~10cm，搭接处及周边用 U 形钉固定。

(a) 固定土工格栅   (b) 铺好的土工格栅

图 8-5　土工格栅的铺设与固定

8.3.3　路基填筑与压实

填土的摊铺［图 8-6（a）］和压实按《公路路基施工技术规范》（JTG F10—2006）的要求进行。填料分层摊铺、分层碾压，大型压路机压实面与筋材之间保证有不少于 15cm 厚的填料。填料的摊铺从路基外侧（靠近坡面的一侧）开始，向路基内侧（即土工格栅尾部）方向逐步推进。摊铺机械应距离边坡边缘 1.0m以上，以免扰动护坡体。距离边坡边缘 1.0m 范围内采用人工摊铺。所有卸料和摊铺机具都应沿路基纵向行驶。临近路堤边坡坡面及大型压路机难以压到的部位采用轻型压实机械分层压实。

(a) 土料摊铺   (b) 压实度检测

图 8-6　土料摊铺和压实度检测

碾压时，为避免壅土将土工格栅推起，第一遍慢速碾压。碾压时先轻后重，低频慢速，先静压 1 遍，再振动碾压 3～4 遍（具体遍数以压实度达到要求为准）。压实作业亦由路基外侧开始，逐步向路基内侧推进。每层压实完毕后，检测压实度［图 8-6（b）］，压实度要求不小于 95％。

8.4　观测元件的埋设

8.4.1　柔性位移计的埋设

在路基碾压完毕后，根据观测断面的观测元件布置图，用钢卷尺进行测量，精确定位各个测点，在现场做出明显标记后，在土工格栅横肋上打孔，再用配套的夹具将柔性位移计固定在土工格栅的横肋上，将测试电缆套上橡胶钢丝软管。然后，在柔性位移计上部和周围填约 20cm 厚的细砂作为保护。为避免因土体扰动或变形导致柔性位移计和电缆连接处拉脱，位移计的电缆线采取蛇形布设，使其处于松弛状态。柔性位移计的安装如图 8-7 和图 8-8 所示。

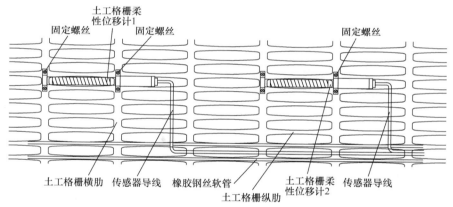

图 8-7　柔性位移计安装示意图

(a) 固定好的柔性位移计

(b) 柔性位移计的保护

图 8-8　柔性位移计的安装与保护

8.4.2　土压力盒的埋设

当土压力盒所在土工格栅层下的土层压实完毕后，在预定的土压力盒埋设位置挖深约 30cm、直径约 40cm 的圆坑，在坑底填入 5～10cm 厚的砂，并压实、找平。然后将测竖向应力的土压力盒正面朝上水平放置在坑中，将测水平土压力的土压力盒正面朝路基中心方向并与路线纵向平行直立放入坑内（竖直放置，简称竖直土压力盒），如图 8-9 所示。竖直土压力盒背面与坑壁留约 15cm 的空隙，用水泥砂浆填实空隙，再用砂回填密实。所有土压力盒上方覆盖约 20cm 厚的砂进行保护。

图 8-9　土压力盒的埋设

8.4.3　远程观测系统的设置

为了准确、高效地长期观测土工格栅的应变和路堤中的土压力，建立了远程实时监测系统（图 8-10）。它主要由现场监测站、移动通信网络和监测中心站组成。现场监测站主要由传感器（土压力盒、柔性位移计）、数据采集模块、远程传输模块、蓄电池、太阳能电池板等组成。监测中心站主要由服务器、无线信号接收仪、查询计算机组成，能对现场采集的数据进行存储、汇总和分析。现场监测站和监测中心站之间采用移动通信网络 GPRS 进行数据的发送和传输，观测者可以随时通过计算机终端下载测量数据。图 8-10 为在两段试验路堤旁建立的监测站和两段试验路堤的现场照片。

(a) 1 号监测站及试验路堤

(b) 2 号监测站及试验路堤

图 8-10 现场数据自动采集站

8.5 测试数据分析

8.5.1 路基填土进度曲线

试验段施工时间为 2017 年 8 月初至 10 月中旬，图 8-11 所示为两个监测断面中各监测层以上填土高度的进度曲线。

8.5.2 土工格栅应变分析

图 8-12～图 8-16 所示分别为 1 号监测断面不同层位的土工格栅在施工过程中应变随上覆土层厚度的变化曲线及土工格栅在施工完毕后应变随时间的变化曲线。图 8-17～图 8-21 所示分别为 2 号监测断面不同层位的土工格栅在施工过程中应变随上覆土层厚度的变化曲线及土工格栅在施工完毕后应变随时间的变化曲线。

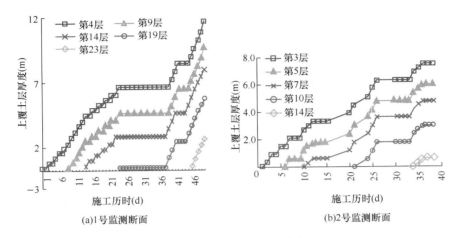

图 8-11　填土高度进度曲线

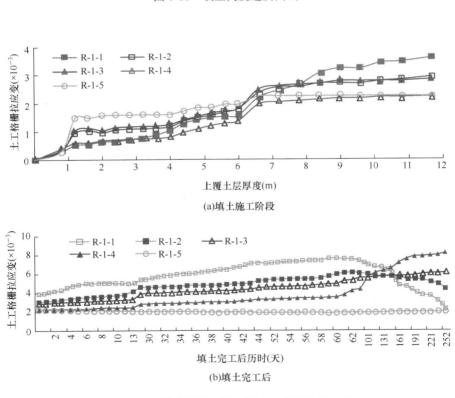

图 8-12　1 号监测断面第 4 层土工格栅拉伸应变

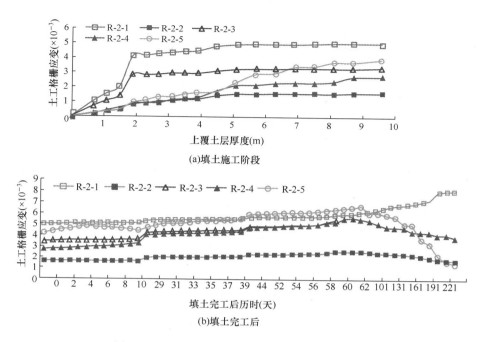

(a)填土施工阶段

(b)填土完工后

图 8-13 1号监测断面第 9 层土工格栅拉伸应变

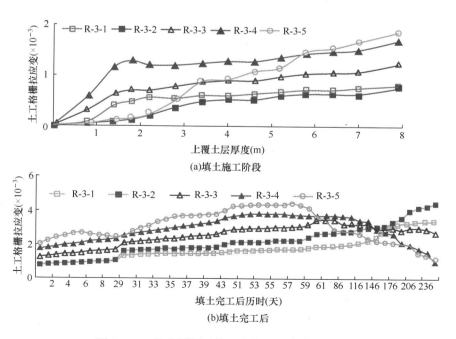

(a)填土施工阶段

(b)填土完工后

图 8-14 1号监测断面第 14 层土工格栅拉伸应变

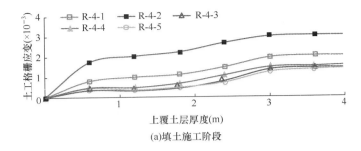

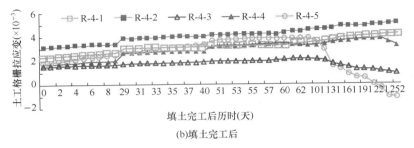

图 8-15　1 号监测断面第 19 层土工格栅拉伸应变

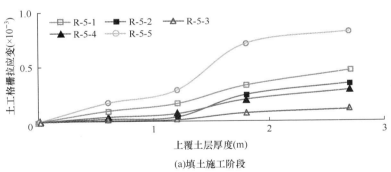

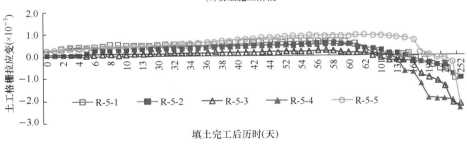

图 8-16　1 号监测断面第 23 层土工格栅拉伸应变

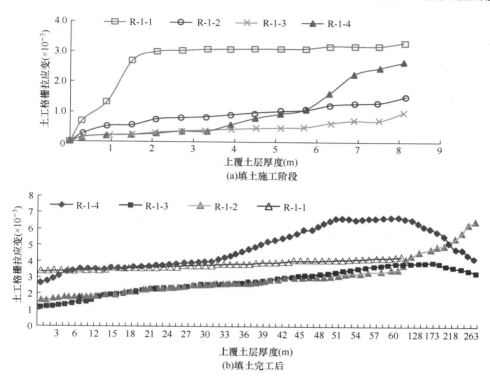

图 8-17　2 号监测断面第 3 层土工格栅拉伸应变

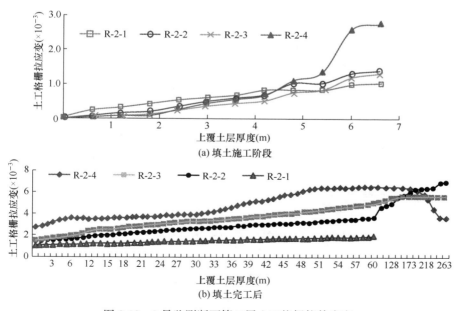

图 8-18　2 号监测断面第 5 层土工格栅拉伸应变

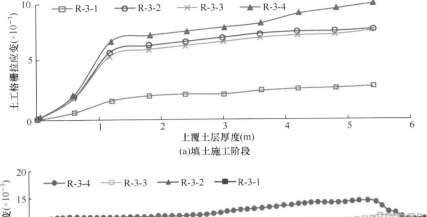

(a)填土施工阶段

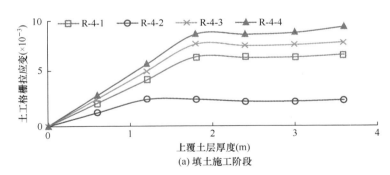

(b)填土完工后

图 8-19　2 号监测断面第 7 层土工格栅拉伸应变

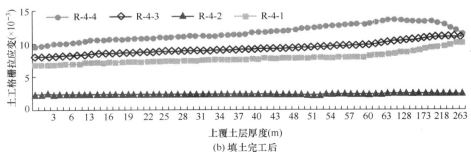

图 8-20　2 号监测断面第 10 层土工格栅拉伸应变

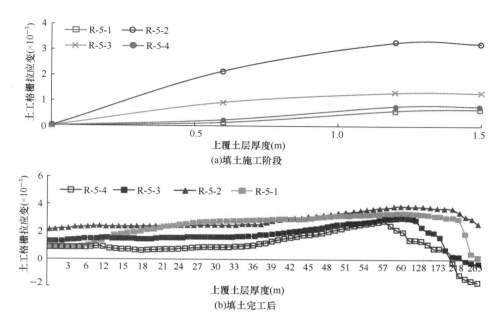

图 8-21　2 号监测断面第 14 层土工格栅拉伸应变

从图 8-12～图 8-21 可以看出，在填土施工过程中，实测不同层位不同位置的土工格栅应变均为正值，说明土工格栅在监测点都承受一定拉力。土工格栅的拉应变均随着上覆填土厚度的增加而增大，相应的筋材受力也逐渐增大。除个别测点外，土工格栅应变均在刚开始填土时增长较快，当填土高度达一定值后增长速度开始减缓，甚至基本不变。土工格栅上填土较薄（小于 0.5～1.5m）时，土工格栅应变随填土厚度的增加而增长较快，应是压路机碾压荷载作用于土工格栅后使其拉伸，并且由于碾压后的土体密实度较高，可以使土工格栅在土体内被夹紧，在碾压停止后土工格栅不易回缩之故。而在填土厚度增大后，传到土工格栅的碾压荷载较小，此时土工格栅应变的增长主要依靠不断增厚的土体重力作用，但由于土体压实度较高（处于超固结状态），土体重力的增大引起的土体变形有限，土工格栅伸长量自然也较小，故在土工格栅层上的土层厚度达 1.5～3m 后，土工格栅应变随上覆土层厚度的增加而缓慢增长，甚至不变。

从填土完工（达到路基顶面）后的土工格栅应变随时间的变化曲线可以看出，土工格栅应变绝大多数在填土完成后 60～160 天达到稳定或开始下降的状态。后期土工格栅应变下降，甚至出现负值，这种现象已被许多工程实例监测到[10]，其主要原因可能包括以下三个方面：①加筋土结构在自重的长期作用下，内部应力应变发生了调整，施工过程中由土工格栅分担的部分拉力转移给了周围的土体；②土工格栅铺设时的张紧度在其长度方向不均匀，安装柔性位移计的部位张得较紧，随着时间的推移，土工格栅的张紧度逐渐趋向均匀；③土工格栅在拉力作用下产生松弛。从图 8-12～图 8-21 可以看出，土工格栅应变除 2 号监测断面的 R-3-4 和 R-4-4 测点接近 1.5%、R-4-3 测点为 1.1%以外，其他各测点均小于 1%。根据所用土工格栅的拉伸试验数据可得拉伸应变 0～2%阶段的土工格栅拉伸模量为 $E = 25.82/0.02 = 1291\text{kN/m}$，由此计算出土工格栅应变为 1%和 1.5%时对应的土工格栅拉力分别为 12.9kN/m 和 19.4kN/m，分别相当于 TGDG80HDPE 单向土工格栅标称抗拉强度 80kN/m 的 16.1%和 24.3%，亦相当于本试验路段单向土工格栅实际极限抗拉强度 86.5kN/m 的 14.9%和 22.4%。所以在工作状态下，格栅的应力水平相对较低，Aschauer[121]、Nancey[129]、Herle[130]、杨广庆[2]等的现场试验也得到了相似的结果。这说明一般土工格栅加筋土结构在工作荷载下的格栅实际应变很小，应力水平较低，由此推测格栅的长期蠕变将不大。

图 8-22 和图 8-23 分别为 1 号和 2 号监测断面几个不同层位的土工格栅在不

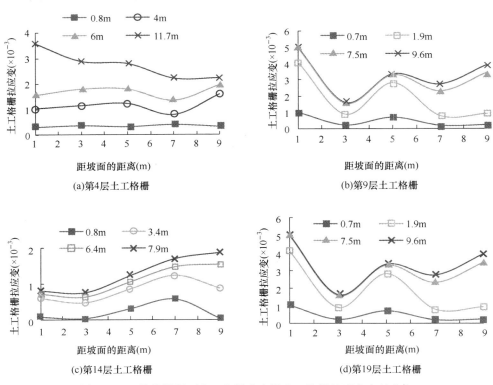

图 8-22 1 号监测断面土工格栅应变沿土工格栅长度方向的分布

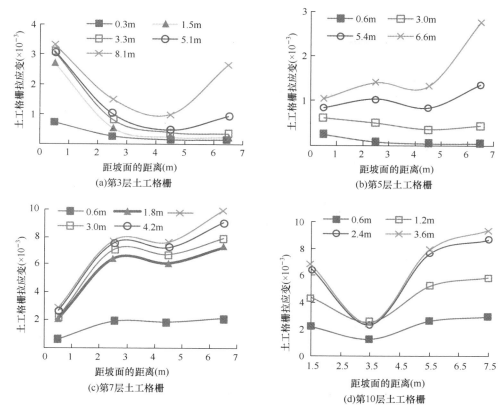

图 8-23 2 号监测断面土工格栅应变沿土工格栅长度方向的分布

同上覆土层厚度时的拉伸应变沿土工格栅长度方向（路基横向）的分布，可以看出，各层土工格栅的拉伸应变沿土工格栅长度方向一般为波浪形不均匀分布。在土工格栅层上填土厚度增加的初始阶段，这种不均匀性随填土厚度的增加而明显增大，而当填土厚度达到一定值（1.5～3m）后，土工格栅应变分布曲线的形状大致相似。波浪形的土工格栅应变分布曲线是土工格栅铺设张紧度、U 形钉对土工格栅固定程度、坡面反包土工格栅张紧度和固定方式及反包体内土的密实程度（1 号监测断面）或与石笼连接方式和松紧度（2 号监测断面）、压路机碾压顺序等多种因素的综合反映，因此没有固定的规律。如果土工格栅末端较牢靠地固定在下面的压实土层上，则末端土工格栅应变就大；如果坡面反包体包裹饱满、密实，则坡面处土工格栅应变就大。虽然从图 8-22 和图 8-23 看出土工格栅应变沿其长度呈明显的不均匀分布，但从应变的绝对量值上看，相差并不大，因为绝大多数测点的土工格栅应变都在 0.5% 以下，所以沿土工格栅长度方向最大应变与最小应变的差值一般也都在 0.5% 以下。

8.5.3 土压力分析

图 8-24 是 1 号监测断面典型的实测土压力与上覆土层厚度的变化曲线，其中编号末字母"H"表示水平放置的土压力盒，测得的土压力为竖直土压力；编号末字母"V"表示竖直放置的土压力盒，测得的土压力为水平向土压力，而 Y-V1～Y-V5 则为竖直埋于坡面反包体内的土压力盒，以测定坡面反包体所受侧向土压力的大小。由图 8-24 可知，一般情况下，实测竖直土压力比按 $\sigma_z = \gamma h$（这里 $\gamma = 23.38\text{kN/m}^3$）计算的理论值要小，特别是当填土高度超过约 4m 以后。这主要是土工格栅加筋层的"张力膜作用"分担了部分上部土重的缘故。

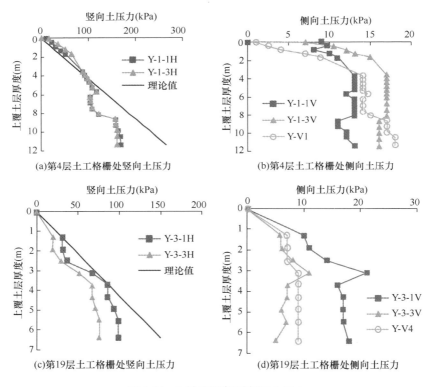

图 8-24　1 号监测断面实测土压力

图 8-25 所示是根据 1 号监测断面中的 Y-3-1 测点和 Y-3-3 测点实测的水平和竖向土压力计算出的静止土压力系数 K_0，可见实测 K_0 值起初随上覆土层厚度的增加而下降，至上覆土层厚度达约 5m 后趋于稳定值，其中 Y-3-1 测点 K_0 的稳定值约为 0.2，Y-3-3 测点 K_0 的稳定值约为 0.1。由于 Y-3-3 点更接近路堤的坡面，所以其 K_0 比 Y-3-1 点的小。如果按 Jaky 经验公式计算[153]，则有 $K_0 = 1 - \sin\varphi' = 1 -$

sin43. 4°＝0. 31。可见，实测的 K_0 一般都小于 Jaky 公式计算值。

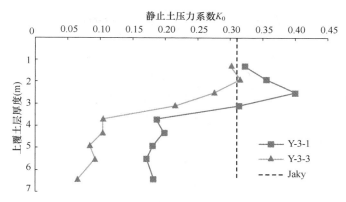

图 8-25　静止土压力系数

在上覆土层较薄时，实测 K_0 值较大的原因可能是压路机碾压和土工格栅限制了土体侧向位移共同作用的结果，碾压时，被碾压的土体除产生竖直向的压缩外，还会向四周发生侧向水平移动，但由于土工格栅的侧限作用使土体的水平位移比没有土工格栅加筋的情况要小，所以水平向的挤压力较后者大。随着填土厚度增大，压路机在土层表面的碾压对测点的影响逐渐减小，上述作用也随之减弱，所以 K_0 值也逐渐下降，直到稳定。

图 8-26 是位于反包体内竖直放置的土压力盒实测的侧向土压力曲线，从该图可知，反包体受到的土压力非常小，一般不超过 15kPa。

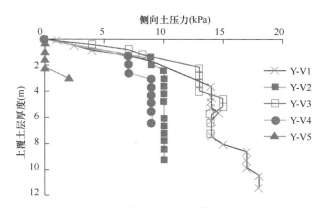

图 8-26　1 号监测断面坡面反包体处的水平土压力

图 8-27 是 2 号监测断面典型的实测土压力与上覆土层厚度的变化曲线。上覆土层厚度相同时，测得 2 号监测断面的土压力比 1 号监测断面的更小。这可能是由于 2 号监测断面中土工格栅在坡面处与石笼做了绑扎，连接较牢固，铺设的

土工格栅可以拉直后绷得更紧，所以"张力膜作用"更加明显的缘故。

由 1 号和 2 号监测断面都得到实测土压力小于理论值的结果，证实了沈珠江[71]关于加筋改变了土体应力场的观点。这说明，在研究加筋机理时有必要考虑加筋对土体应力场的影响。

图 8-27（b）中的 Y-V1 和图 8-27（d）中的 Y-V4 是紧贴坡面石笼竖直埋置的土压力盒测得的侧向土压力曲线，代表了坡面石笼所受土压力的大小，可见石笼所受土压力不超过 4kPa。另两个同样方式埋置的土压力盒 Y-V2 和 Y-V3 测得的侧向土压力基本为 0。由此可知，坡面石笼受到的土压力可忽略不计。

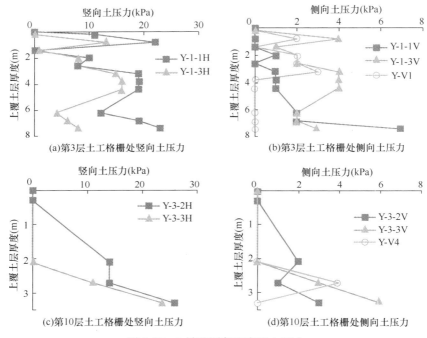

图 8-27　2 号监测断面实测土压力

坡面反包体或石笼受到的侧向土压力之所以很小，是由于返包体和石笼均为柔性结构，在路堤填筑过程中，当受到压路机的挤压或上部土重的作用后能较容易地产生侧向移动，使侧向土压力随之释放，这种自由的侧向移动体现了加筋土路堤在变形的适应性方面相对于带刚性面板的加筋土挡墙的优势[154]。其次，土工格栅与土之间的相互作用和土拱效应使得相邻土工格栅之间的土体受到侧向约束，部分侧向土压力转化为土工格栅与土之间的摩阻力，使部分侧向力由土工格栅分担，只有一小部分侧向力由返包体或石笼来承担，这也是加筋的侧限作用的另一种表现。土工格栅层距越小，侧限作用越大，坡面防护结构受到的土压力就越小。

8.6　小　结

1）试验路段工程证明，在新疆采用土工格栅加筋粗粒土路堤，施工简单，工艺可靠，质量有保障。这不仅因为土工格栅的铺设工艺简单，还因为新疆粗粒土的粗细颗粒含量合适，其级配适宜于路基的填筑施工，容易摊铺和压实，而压实质量是保证加筋效果的重要条件。

2）土工格栅加筋粗粒土路堤中实测的土工格栅应变水平较低，一般在1%以下，大多数不超过0.5%，个别测点接近1.5%，据此计算的土工格栅实际拉力一般仅为其抗拉强度的15%，极值也仅为22%左右，说明其稳定性良好，安全性完全有保障。

3）试验路堤中实测的坡面防护结构受到的水平土压力很小，大多数接近0，所以不需要厚重的坡面防护结构，也不需要将其与加筋土工格栅做牢固连接，采用常规边坡防护措施即可解决坡面土体稳定和坡面反包材料的保护问题。

第9章 土工格栅加筋粗粒土路堤的经济性比较

为了分析新疆地区土工格栅加筋粗粒土路堤的经济性，拟定三种代表性的加筋路堤结构，分别与同高度衡重式 C30 片石混凝土路肩墙方案（这是新疆地区常采用的设计方案）进行比较。考虑到重力式挡土墙经济合理的高度为 6～12m，所以仅在此范围内做经济比较。拟定的三种土工格栅加筋粗粒土路堤分别如下。

1）A 型加筋粗粒土路堤：坡率 $m=0.5$，L 形混凝土预制块护坡，高度为 6～12m。

2）B 型加筋粗粒土路堤：坡率 $m=0.75$，格宾石笼护坡，高度为 6～12m。

3）C 型加筋粗粒土路堤：坡率 $m=1$，预制混凝土方格网骨架＋嵌挤卵石护坡，简称方格网骨架护坡，高度为 6～12m。

做经济性比较时，考虑路堤单侧设置加筋粗粒土坡或路肩墙，另一侧按常规土质路堤放坡；采用的综合单价主要来源于新疆某段已建公路的投标报价，其中公路占地按草地计价。

9.1 A 型加筋粗粒土路堤经济性比较

表 9-1 和表 9-2 分别列出了 100m 长 A 型加筋粗粒土路堤的工程量和工程造价对比数据。由表 9-2 可知，高度为 6～12m 时，A 型加筋粗粒土路堤的造价为路肩挡墙路堤的 79.7%～50.1%，即前者比后者工程费用降低 20.3%～49.9%。

表 9-1 100m 长 A 型加筋粗粒土路堤工程量

边坡高度（m）	工程量				增加的工程量（与同高路肩墙路堤相比）	
	坡面防护			土工格栅（m²）	土方（m³）	占地（亩）
	C30 混凝土预制块（m³）	C30 混凝土基础（m³）	C30 混凝土护栏基础（m³）			
6	189.00			6850	2204	0.45
7	224.00	48.00	51.00	9420	2993	0.52
8	259.00			10 850	3880	0.6

边坡 高度 (m)	工程量				增加的工程量 (与同高路肩墙路堤相比)		
	坡面防护			土工格栅 (m²)	土方 (m³)	占地 (亩)
	C30 混凝土预制块 (m³)	C30 混凝土基础 (m³)	C30 混凝土护栏基础 (m³)			
9	294.00			14 020	4913	0.67
10	329.00	48.00	51.00	15 260	5870	0.75
11	364.00			19 130	6778	0.82
12	399.00			22 400	8856	0.9

表 9-2　100m 长 A 型加筋粗粒土路堤工程造价比较

边坡或 挡墙高度 H (m)	加筋路堤 造价 Y_1 (万元)	挡墙路堤 造价 Y_2 (万元)	造价差 $Y_1 - Y_2$ (万元)	造价比 Y_1/Y_2 (%)	减少的造价比 $(Y_2 - Y_1)/Y_2$ (%)
6	51.1	64.1	−13.3	79.7	20.3
7	62.9	86.6	−23.7	72.6	27.4
8	73.2	111	−37.8	65.9	34.1
9	87	140.6	−53.6	61.9	38.1
10	97.2	159	−61.8	61.1	38.9
11	111.7	168	−56.3	66.5	33.5
12	129.9	259.2	−129.3	50.1	49.9

9.2　B 型加筋粗粒土路堤经济性比较

表 9-3 和表 9-4 分别列出了 100m 长 B 型加筋粗粒土路堤的工程量和工程造价对比数据。由表 9-4 可知，高度为 6～12m 时，B 型加筋粗粒土路堤的造价为路肩挡墙路堤的 53.5%～35.0%，即前者比后者工程费用降低 46.5%～65.0%。

表9-3 100m长B型加筋粗粒土路堤工程量

边坡高度 （m）	工程量			增加的工程量 （与同高路肩墙路堤相比）	
	坡面防护		土工格栅 （m²）	土方 （m³）	占地 （亩）
	格宾石笼 （m³）	C30混凝土护栏基础 （m³）			
6	349.2		6750	1754	0.67
7	397.2		9300	2380	0.79
8	445.2		10 730	3080	0.90
9	493.2	51.00	14 080	3900	1.01
10	541.2		15 750	4620	1.12
11	589.2		18 950	5265	1.24
12	637.2		21 550	7056	1.35

表9-4 100m长B型加筋粗粒土路堤工程造价比较

边坡或挡墙高度 H（m）	加筋路堤造价 Y_1 （万元）	挡墙路堤造价 Y_2 （万元）	造价差 Y_1-Y_2 （万元）	造价比 Y_1/Y_2 （%）	减少的造价比 $(Y_2-Y_1)/Y_2$ （%）
6	34.3	64.1	−29.8	53.5	46.5
7	42.81	86.6	−43.79	49.4	50.6
8	49.71	111	−61.29	44.8	55.2
9	60.36	140.6	−80.24	42.9	57.1
10	67.75	159	−91.25	42.6	57.4
11	77.44	168	−90.56	46.1	53.9
12	90.69	259.2	−168.51	35.0	65.0

9.3 C型加筋粗粒土路堤经济性比较

表9-5和表9-6分别列出了100m长C型加筋粗粒土路堤的工程量和工程造价对比数据。由表9-6可知，高度为6～12m时，C型加筋粗粒土路堤的造价为路肩挡墙路堤的51.5%～35.8%，即前者比后者工程费用降低48.5%～64.2%。

表 9-5　100m 长 C 型加筋粗粒土路堤工程量

边坡高度 (m)	工程量					增加的工程量 (与同高路肩墙路堤相比)	
	C30 混凝土预制块 (m³)	坡面防护			土工格栅 (m²)	土方 (m³)	占地 (亩)
		C30 混凝土基础 (m³)	C30 混凝土护栏基础 (m³)	人工码砌 15cm 厚卵石 (m³)			
6	37.02			72.15	4500	2654	0.90
7	42.86			87.45	6600	3605	1.05
8	48.70			102.9	7800	4680	1.20
9	54.53	52.25	51.00	118.2	9210	5925	1.35
10	60.37			133.65	11 350	7120	1.50
11	66.21			148.95	14 400	8290	1.65
12	72.05			164.25	16 700	10 656	1.80

表 9-6　100m 长 C 型加筋粗粒土路堤工程造价比较

边坡或挡墙高度 H (m)	加筋路堤造价 Y_1 (万元)	挡墙路堤造价 Y_2 (万元)	造价差 Y_1-Y_2 (万元)	造价比 Y_1/Y_2 (%)	减少的造价比 $(Y_2-Y_1)/Y_2$ (%)
6	32.98	64.1	−31.12	51.5	48.5
7	41.54	86.6	−45.06	48.0	52.0
8	49.07	111	−61.93	44.2	55.8
9	57.63	140.6	−82.97	41.0	59.0
10	67.24	159	−91.76	42.3	57.7
11	78.29	168	−89.71	46.6	53.4
12	92.85	259.2	−166.35	35.8	64.2

综合上述可知，高度为 6～12m 时，土工格栅加筋粗粒土路堤的造价为路肩挡墙路堤的 80%～35%，即加筋粗粒土路堤比挡墙路堤节约造价 20%～65%，高度越大，节约的比例越高。可见，在新疆地区推广土工格栅加筋粗粒土路堤具有显著的经济效益。

参考文献

［1］包承纲. 土工合成材料应用原理与工程实践［M］. 北京：中国水利水电出版社，2008.

［2］杨广庆. 土工格栅加筋土结构理论及工程应用［M］. 北京：科学出版社，2010.

［3］Berg R R，Christopher B R，Samtani，N C. Design and construction of mechanically stabi-
lized earth walls and reinforced soil slopes［R］. FHWA - NHI - 10 - 024/025，Federal
Highway Administration，2009.

［4］李广信. 土工合成材料构造物的抗震性能［J］. 世界地震工程，2010，26（4）：31 - 36.

［5］李广信. 地震与加筋土结构［J］. 土木工程学报，2016，49（7）：1 - 8.

［6］李广信. 关于土工合成材料加筋设计的若干问题［J］. 岩土工程学报，2013，35（4）：
605 - 610.

［7］Leshchinsky D，Leshchinsky O，Zelenko B，et al. Limit equilibrium design framework for
MSE structures with extensilbe reinforcement［R］. FHWA - HIF - 17 - 004，Federal High-
way Admistration，2016.

［8］王宗魁，姜志全. 某加筋碎石土边坡变形破坏模式分析［J］. 土工基础，2016，30（2）：
140 - 143.

［9］Yoo Chungsik，Jung Hye - Young. Case history of geosynthetic reinforced segmental retai-
ning wall failure［J］. Journal of Geotechnical and Geoenvironmental Engineering，2006，132
（12）：1538 - 1548.

［10］包承纲，丁金华，汪明元. 极限平衡理论在加筋土结构设计中应用的评述［J］. 长江科
学院院报，2014，31（3）：1 - 10.

［11］杨广庆，徐超，张孟喜，等. 土工合成材料加筋土结构应用技术指南［M］. 北京：人民
交通出版社，2016.

［12］何光春. 加筋土工程设计与施工［M］. 北京：人民交通出版社，2000.

［13］雷胜友. 现代加筋土理论与技术［M］. 北京：人民交通出版社，2006.

［14］龚晓南. 地基处理手册［M］. 2版. 北京：中国建筑工业出版社，2000.

［15］Holtz R D. 46th Terzaghi lecture：Geosynthetic reinforced soil：From the experimental to
the familiar［J］. Journal of Geotechnical and Geoenvironmental Engineering，2017，143
（9）：031117001 - 21.

［16］介玉新，洛桑尼玛，郑瑞华，等. 加筋土边坡的破坏形式［J］. 工程地质学报，2012，20
（5）：693 - 699.

［17］胡幼常. 土工格栅加固道路软基的试验研究［J］. 岩土力学，1996，17（2）：76 - 80.

［18］Love J P，Burd H J，Milligan G W E，et al. Analytical and model studies of reinforcement of a layer of granular fill on a soft clay subgrade [J]. Canadian Geotechnical Journal，1987 24（4）：611－622.

[19] Hausmann M R. Geotextiles for unpaved roads－A review of design procedures [J]. Geotextiles and Geomembranes，1987（5）：201－233.

[20] Adams M T, Collin J G. Large model spread footing load tests on geosynthetic reinforced soil foundations [J]. Journal of Geotechnical and Geoenvironmental Engineering，1997，123（1）：66－72.

[21] Fannin R J, Sigurdsson O. Field observations on stabilization of unpaved roads with geosynthetics [J]. Journal of Geotechnical Engineering，ASCE，1996，122（7）：544－553.

[22] 杨广庆，李广信，张保俭. 土工格栅界面摩擦特性试验研究 [J]. 岩土工程学报，2006，28（8）：948－952.

[23] 李广信. 岩土工程50讲——岩坛漫话 [M]. 2版. 北京：人民交通出版社，2010.

[24] 张逢桂. 加筋陡坡路堤在漳龙高速公路中的应用 [J]. 路基工程，2001（4）：6－9.

[25] 曾长贤. 加筋土陡边坡受力测试分析 [J]. 路基工程，2010（3）：198－200.

[26] 林彤，王迪友，郑轩. 土工格栅加筋陡坡路堤在三峡库区道路建设中的应用 [J]. 水利水电快报，2002，23（23）：4－6.

[27] 傅旭东，邹勇，刘祖德. 巫山污水处理厂高填方、地基及边坡的支护设计 [J]. 土工基础，2006，20（增刊）：134－143.

[28] 陈鹏飞. 山区高等级公路高填石路堤稳定性研究 [J]. 铁道建筑技术，2011（3）：53－56，64.

[29] 贾敏才，黄文军，叶建忠，等. 超高无面板式土工格栅加筋路堤现场试验研究 [J]. 岩土工程学报，2014，36（12）：2220－2225.

[30] 吴敏. 浅谈锦屏一级水电站土工格栅路堤应用技术 [J]. 四川水力发电，2006，25（5）：17－19.

[31] 唐双林. 干沟填石高路堤稳定性监测技术研究 [J]. 路基工程，2010（1）：37－38.

[32] Hu You-chang, Song Hai, Zhou Jun, et al. Compressive performance of geogrid-reinforced granular soil [C] //ICCTP2010：Integrated transportation systems-Green • Intelligent • Reliable. ASCE，2010：3126－3132.

[33] 刘剑旗，王宁，赵易. 不同含水量土工格栅加筋粘土三轴试验研究 [J]. 建筑科学，2009，25（5）：51－54.

[34] 韩志型，王宁. 土工格栅加筋黏土抗剪强度三轴试验 [J]. 有色金属，2011，63（2）：252－254，259.

[35] 李文旭，王宁，姚勇，等. 经编和玻纤土工格栅加筋粘性土的三轴试验研究 [J]. 建筑科学，2011，27（5）：54－57.

[36] 汪明元，于嫣华，李齐仁. 土工格栅加筋膨胀土的固结排水剪特性 [J]. 四川大学学报（工程科学版），2010，42（2）：64－68.

[37] 王协群，郭敏，胡波．土工格栅加筋膨胀土的三轴试验研究［J］．岩土力学，2011，32（6）：1649－1653.

[38] 周健，徐洪钟．玄武岩纤维土工格栅加筋膨胀土三轴试验［J］．南京工业大学学报（自然科学版），2013，35（5）：105－109.

[39] 包建强，刘霖．土工格栅加筋风积沙的三轴试验研究［J］．内蒙古工业大学学报，2009，28（2）：151－156.

[40] 周小凤，张孟喜，邱成春，等．不同形式土工格栅加筋砂的强度特性［J］．上海交通大学学报，2013，47（9）：1377－1381，1389.

[41] 吴景海．土工合成材料与土工合成材料加筋砂土的相关特性［J］．岩土力学，2005，26（4）：538－541.

[42] 杨果林，钟正，林宇亮．砂黏土变形与强度特性的大型三轴试验研究［J］．铁道科学与工程学报，2010，7（5）：25－29.

[43] 保华富，周亦唐，赵川，等．聚合物土工格栅加筋碎石土试验研究［J］．岩土工程学报，1999，21（2）：217－221.

[44] 保华富，龚涛．土工格栅加筋碎石土的强度和变形特性［J］．水利学报，2001（6）：76－79，85.

[45] 赵川，周亦唐．土工格栅加筋碎石土大型三轴试验研究［J］．岩土力学，2001，22（4）：419－422.

[46] 石熊，张家生，孟飞，等．加筋粗粒土大型三轴试验研究［J］．四川大学学报（工程科学版），2014，46（2）：52－58.

[47] 徐望国，张家生，贺建清．加筋软岩粗粒土路堤填料大型三轴试验研究［J］．岩石力学与工程学报，2010，29（3）：535－541.

[48] Nazzal M，Abu－Farsakh M，Mohammad L．Laboratory characterization of reinforced crushed limestone under monotonic and cyclic loading［J］．Journal of Materials in Civil Engineering，2007，19（9）：772－783.

[49] 史旦达，刘文白，水伟厚，等．单、双向塑料土工格栅与不同填料界面作用特性对比试验研究［J］．岩土力学，2009，30（8）：2237－2244.

[50] 汤飞，李广信，金焱，等．单向塑料土工格栅与土界面作用特性的试验研究［J］．水力发电学报，2006，25（6）：67－72.

[51] Ingold T S．Laboratory pull－out testing of grid reinforcements in sand［J］．Geotechnical Testing Journal，1983，6（3）：101－111.

[52] 徐超，廖星樾．土工格栅与砂土相互作用机制的拉拔试验研究［J］．岩土力学，2011，32（2）：423－428.

[53] 王子鹏，贾梓．土工格栅横肋在加筋作用中贡献的试验研究［J］．长江科学院院报，2014，31（3）：84－86.

[54] 王家全，陆梦梁，周岳富，等．土工格栅纵横肋的筋土承载特性分析［J］．岩土工程学

报，2018，40（1）：186－193.

[55] 王家全，周健，邓益兵，等．砂土与土工合成材料拉拔试验分析［J］．广西大学学报（自然科学版），2011，36（4）：659－663.

[56] 包承纲，汪明远，丁金华．格栅加筋土工作机理的试验研究［J］．长江科学院院报，2013，30（1）：34－41.

[57] 郑俊杰，曹文昭，周燕君，等．三向土工格栅筋-土界面特性拉拔试验研究［J］．岩土力学，2017，38（2）：317－324.

[58] 凌天清，周滨，吴春波，等．筋土界面摩擦特性影响因素分析［J］．交通运输工程学报，2009，9（5）：7－12.

[59] 王家全，周健，黄柳云，等．土工合成材料大型直剪界面作用宏细观研究［J］．岩土工程学报，2013，35（5）：908－915.

[60] 周健，贾敏才，等．土工细观模型试验与数值模拟［M］．北京：科学出版社，2008.

[61] 李志勇．陡坡路堤土工格栅加筋机制与合理铺设参数研究［J］．岩土力学，2008，29（4）：925－930，936.

[62] 朱湘，黄晓明．有限元方法分析影响加筋路堤效果的几个因素［J］．土木工程学报，2002，35（6）：85－92，108.

[63] 介玉新．加筋土不同计算方法之间的关系［J］．岩土力学，2011，32（S1）：43－48.

[64] 肖文，赖思静，杨建国．土工格栅加筋陡坡路堤的有限元分析［J］．公路交通技术，2006（5）：29－34.

[65] 汪承志．加筋陡坡的数值分析与试验研究［D］．重庆：重庆交通学院，2005.

[66] 介玉新，李广信．加筋土数值计算的等效附加应力法［J］．岩土工程学报，1999，21（5）：614－616.

[67] 王钊．土工织物加筋土坡的分析和模型试验［J］．水利学报，1990（12）：62－68.

[68] 王钊．土工合成材料［M］．北京：机械工业出版社，2005.

[69] 张嘎，王爱霞，张建民，等．土工织物加筋土坡变形和破坏过程的离心模型试验［J］．清华大学学报（自然科学版），2008，48（12）：2057－2060.

[70] 徐林荣，胡绍海，华祖焜，等．加筋土陡边坡破裂面位置和形态试验研究［J］．长沙铁道学院学报，1998，16（3）：6－10.

[71] 沈珠江．土工合成物加强软土地基的极限分析［J］．岩土工程学报，1998，20（4）：82－86.

[72] Nova－Roessig L，Sitar N．Centrifuge model studies of the seismic response of reinforced soil slopes［J］．Journal of Geotechnical and Geoenvironmental Engineering，2006，132（3）：388－400.

[73] 包承纲．土工合成材料界面特性的研究和试验验证［J］．岩石力学与工程学报，2006，25（9）：1735－1744.

[74] Adams M T，Schlatter W，Stabile T．Geosynthetic reinforced soil integrated abutments at the Bowman Road Bridge in Defiance County，Ohio［C］// Geosynthetics in Reinforce-

ment and Hydraulic Applications (GSP 165). ASCE，2007：119-129.

[75] Adams M T，Ketchart K，Wu J T H. Mini pier experiments‐Geosynthetic reinforcement spacing and strength as related to performance ［C］// Geosynthetics in Reinforcement and Hydraulic Applications (GSP 165). ASCE，2007：98-106.

[76] Barrett R K，Ruckman A C. GRS‐A new era in reinforced soil technology ［C］// Geosynthetics in Reinforcement and Hydraulic Applications (GSP 165). ASCE，2007：153-164.

[77] Hu You‐chang，Song Hai，Zhao Zheng‐jun. Experimental study on behavior of geotextile‐reinforced soil ［C］// ICCTP2009：Critical issues in transportation systems planning，development，and management. ASCE，2009：2393-2402.

[78] 许爱华，胡幼常，张宗保. 小间距加筋土回弹变形特性分析 ［J］. 公路交通科技，2010，27 (7)：52-55.

[79] Hu You‐chang，Li Hui，et al. Application of geogrid in widening highway embankment ［C］// ICCTP 2011：Towards sustainable transportation systems. ASCE，2011：3059-3066.

[80] 胡幼常，童金田，刘胜军，等. 柔性加筋土复合体力学性能试验 ［J］. 武汉大学学报（工学版），2012，45 (5)：602-607.

[81] 胡幼常，申俊敏，赵建斌，等. 土工格栅加筋掺砂黄土工程性质试验研究 ［J］. 岩土力学，2013，34 (S2)：74-80，87.

[82] 郑颖人，赵尚毅，李安洪，等. 有限元极限分析法及其在边坡工程中的应用 ［M］. 北京：人民交通出版社，2011.

[83] 李广信，张丙印，于玉贞. 土力学 ［M］. 2版. 北京：清华大学出版社，2013.

[84] 李广信. 高等土力学 ［M］. 北京：清华大学出版社，2004.

[85] 中华人民共和国国家标准. 土工合成材料应用技术规范 (GB/T 50290—2014) ［S］. 北京：中国计划出版社，2014.

[86] 中华人民共和国行业推荐性标准. 公路土工合成材料应用技术规范 (JTG/T D32—2012) ［S］. 北京：人民交通出版社，2012.

[87] Deutsche Gesellschaft für Geotechnik e. V. Working Group 5. 2. Recommendations for design and analysis of earth structures using geosynthetic reinforcements‐EBGEO ［M］. Berlin：Ernst & Sohn，2011.

[88] 陈祖煜，宗露丹，孙平，等. 加筋土坡的可能滑移模式和基于库仑理论的稳定分析方法 ［J］. 土木工程学报，2016，49 (6)：113-122.

[89] 介玉新，秦晓艳，金鑫，等. 加筋高边坡的稳定分析 ［J］. 岩土工程学报，2012，34 (4)：660-666.

[90] 马保成，李家春，田伟平. 中国岩土分异规律及其对公路建设的影响 ［J］. 公路，2008，(3)：17-21.

[91] 王刚，李志农，冯立群. 粗粒土击实试验研究 ［J］. 交通标准化，2011 (20)：61-66.

[92] 中华人民共和国行业标准. 公路土工试验规程 (JTG E40—2007) ［S］. 北京：人民交通

出版社，2007.

[93] 郭庆国. 粗粒土的工程特性及应用 [M]. 郑州：黄河水利出版社，1998.

[94] Lu Ning，Likos W J. 非饱和土力学 [M]. 韦昌富，等，译. 北京：高等教育出版社，2012.

[95] 中华人民共和国行业标准. 公路路基设计规范（JTG D30—2015）[S]. 北京：人民交通出版社，2015.

[96] Rüegger R，Ammann J F，Jaecklin F P. 土工合成材料应用手册 [M]. 赵衡山，等，译. 北京：中国标准出版社，1999.

[97] 汪恩良，徐学燕. 低温条件下塑料土工格栅拉伸特性的试验研究 [J]. 岩土力学，2008，29（6）：1507-1511.

[98] 谢贝贝. 加筋粗粒土的力学性能及其在边坡工程中的应用研究 [D]. 武汉：武汉理工大学，2017.

[99] 宋海. 小间距加筋土力学性能的试验研究 [D]. 武汉：武汉理工大学，2010.

[100] 郭庆国. 论用一个试样三轴试验测粗粒土抗剪强度的适用性 [J]. 西北水电，1990（3）：58-63.

[101] 辜天赐. 对"一个试样多级加荷三轴试验"的几点认识 [J]. 大坝观测与土工测试，1992（4）：47.

[102] 车承国. 对一个试样多级加荷三轴剪切试验的探讨 [J]. 电力勘测设计，2003（1）：33-36.

[103] 阮波，张向京，彭意. Excel规划求解三轴试验抗剪强度指标 [J]. 铁道科学与工程学报，2009，6（5）：57-60.

[104] 中华人民共和国行业标准. 公路土工合成材料试验规程（JTG E50—2006）[S]. 北京：人民交通出版社，2006.

[105] 王协群，张俊峰，邹维列，等. 格栅-土界面抗剪强度模型及其影响因素 [J]. 土木工程学报，2013，46（4）：133-141.

[106] 丁金华，包承纲，丁红顺. 土工格栅与膨胀岩界面相互作用的拉拔试验研究 [G] // 《第二届全国岩土与工程学术大会论文集》编辑委员会. 第二届全国岩土与工程学术大会论文集. 北京：科学出版社，2006：442-449.

[107] 张嘎，张建民. 粗粒土与结构接触面单调力学特性的试验研究 [J]. 岩土工程学报，2004，26（1）：21-25.

[108] 张嘎，张建民. 土与土工织物接触面力学特性的试验研究 [J]. 岩土力学，2006，27（1）：51-55.

[109] 胡幼常，靳少卫，宋亮，等. 基于影响带观测的加筋土坡稳定性分析 [J]. 岩土工程学报，2017，39（2）：228-234.

[110] 陈建峰，李辉利，柳军修，等. 土工格栅与砂土的细观界面特性研究 [J]. 岩土力学，2011，32（增刊1）：66-71.

[111] 张嘎. 粗粒土与结构接触面静动力学特性及弹塑性损伤理论研究 [D]. 北京：清华大学，2002.

[112] 程永辉，李青云，饶锡保，等. 长江科学院土工离心机的应用与发展 [J]. 长江科学院院报，2011，28 (10)：141-147.

[113] 苗英豪，胡长顺. 土工格栅加筋陡边坡路堤离心模型试验研究 [G] //长安大学特殊地区公路工程教育部重点实验室，第五届交通运输领域国际学术会议组委会. 第五届交通运输领域国际学术会议论文集. 北京：人民交通出版社，2005：98-104.

[114] 苗英豪，胡长顺. 土工格栅加筋陡边坡路堤位移特性的试验研究 [J]. 中国公路学报，2006，19 (1)：47-52.

[115] 宋建正，邢义川. 超高加筋土坡的离心试验模型研究 [J]. 工程勘察，2011 (增刊1)：61-67.

[116] 胡耘，张嘎，刘文星，等. 土工织物加筋黏性土坡坡顶加载的离心模型试验研究 [J]. 岩土力学，2011，32 (5)：1327-1332.

[117] 杨锡武，欧阳仲春. 加筋高路堤陡边坡离心模型的研究 [J]. 土木工程学报，2000，33 (5)：88-91.

[118] 杨锡武，易志坚. 基于离心模型试验和断裂理论的加筋边坡合理布筋方式研究 [J]. 土木工程学报，2002，35 (4)：59-64.

[119] 李波，徐丽珊，龚壁卫，等. 加筋高陡边坡离心模型试验与数值模拟 [J]. 长江科学院院报，2014，31 (3)：65-68，76.

[120] 俞松波，沈明荣，陈建峰，等. 离心模型试验中土工格栅拉力测量 [J]. 岩石力学与工程学报，2008，27 (11)：2295-2301.

[121] Aschauer F, Wu W. Investigation of the behavior of geosynthetic/soil systems in reinforced-soil structures [C]. Proceedings of the 8th International Conference on Geosynthetics, Yokohama, Japan, September 18-22, 2006：1049-1052.

[122] 徐超，罗玉珊，贾斌，等. 短加筋土挡墙墙后连接作用的离心模型试验研究 [J]. 岩土工程学报，2016，38 (1)：180-186.

[123] 向科，罗凤. 土工离心模型试验中的加筋材料 [J]. 地下空间与工程学报，2007，3 (5)：889-892.

[124] 杜延龄，韩连兵. 土工离心模型试验技术 [M]. 北京：中国水利水电出版社，2010.

[125] Bathurst R J, Allen T M, Walters D L. Reinforcement loads in geosynthetic walls and the case for a new working stress design method [J]. Geotextiles and Geomembranes，2005，23 (4)：287-322.

[126] 何其武，陈丽，王旭龙. 斜坡地基土工格栅加筋土高边坡现场试验研究 [G] //杨广庆. 土工合成材料加筋——机遇与挑战. 北京：中国铁道出版社，2009.

[127] 邓卫东，等.《公路土工合成材料应用技术规范》(JTG/T D32—2012) 释义手册 [M]. 北京：人民交通出版社，2012.

[128] 丁金华，周武华．HDPE 土工格栅在有约束条件下的蠕变特性试验［J］．长江科学院院报，2012，29（4）：49 - 51，56.

[129] Nancey A，Rossi D，Boons B．Survey of a bridge abutment reinforced by geosynthetics with optic sensors integrated in geotextile strips［C］．Proceedings of the 8th International Conference on Geosynthetics，Yokohama，Japan，September 18 - 22，2006：1071 - 1074.

[130] Herle V．Prediction and performance of reinforced soil structures［C］．Proceedings of the 8th International Conference on Geosynthetics，Yokohama，Japan，September 18 - 22，2006：1113 - 1116.

[131] 向前勇，刘华北，汪磊，等．低荷载水平下土工格栅加速蠕变试验［J］．长江科学院院报，2017，34（2）：1 - 4，16.

[132] 杨广庆，王贺，刘华北，等．HDPE 土工格栅加筋土结构的筋材长期强度研究［J］．东华大学学报（自然科学版），2014，40（2）：167 - 170.

[133] 童军，丁金华，胡波，等．土工格栅户外老化试验初步研究［J］．长江科学院院报，2017，34（2）：13 - 16.

[134] Liu Chia - nan，Yang Kuo - hsin，Ho Yu - hsien，et al．Lessons learned from three failures on a high steep geogrid - reinforced slope［J］．Geotextiles and Geomembranes，2012，34（10）：131 - 143.

[135] BS 8006 - 1：2010 Code of practice for strengthened/reinforced soils and other fills［S］.

[136] 李广信，陈轮，蔡飞．加筋土体应力变形计算的新途径［J］．岩土工程学报，1994，16（3）：46 - 53.

[137] Yang Z．Strength and deformation characteristics of reinforced sand［D］．Los Angeles，Calif.：University of California，1972.

[138] 唐善祥，杜亮，刘力，等．加筋土挡墙工程图集［M］．2 版．北京：人民交通出版社，2015.

[139] 中华人民共和国行业标准．公路工程技术标准（JTG B01—2014）［S］．北京：人民交通出版社，2014.

[140] 杨果林，沈坚，陈建荣，等．柔性生态型加筋土结构工程应用研究［M］．北京：科学出版社，2013.

[141] Wu J T H．Lateral earth pressure against the facing of segmental GRS walls［C］// Geosynthetics in Reinforcement and Hydraulic Applications（GSP 165）．ASCE，2007：165 - 175.

[142] Wu J T H，Lee K Z Z，Pham T．Allowable bearing pressures of bridge sills on GRS abutments with flexible facing［J］．Journal of Geotechnical and Geoenvironmental Engineering，2006，132（7）：830 - 841.

[143] 方左英．路基工程［M］．北京：人民交通出版社，1987.

[144] 黄晓明．路基路面工程［M］．5 版．北京：人民交通出版社，2017.

[145] Schmertmann G R，Chouery - Curtis V E，Johnson R D，et al．Design charts for geogrid -

reinforced soil slopes [C]. Proceedings of Geosynthetics '87, New Orleans, LA, 1987 (1): 108 - 120.

[146] 介玉新，李广信. 有限元法在加筋土结构设计中应用的必要性和可行性 [J]. 长江科学院院报，2014，31 (3): 34 - 39.

[147] 冯晓静，杨庆，栾茂田，等. 土工格栅加筋路堤现场试验研究 [J]. 大连理工大学学报，2009，49 (4): 564 - 570.

[148] Hatami K, Bathurst R J, Di Pietro P. Static response of reinforced soil retaining walls with nonuniform reinforcement [J]. International Journal of Geomechanics，2001，1 (4): 477 - 506.

[149] 杨广庆，吕鹏，张保俭，等. 整体面板式土工格栅加筋土挡墙现场试验研究 [J]. 岩石力学与工程学报，2007，26 (10): 2077 - 2083.

[150] 王祥，周顺华，顾湘生，等. 路堤式加筋土挡墙的试验研究 [J]. 土木工程学报，2005，38 (10): 119 - 124，128.

[151] 朱根桥，汪承志，李霞. 高速公路加筋陡坡路基长期工作特性研究 [J]. 岩土力学，2012，33 (10): 3103 - 3108，3200.

[152] 郑颖人. 岩土工程学科的现状及前沿发展方向研究 [G] // 中国工程院土木、水利与建筑工程学部. 土木学科发展现状及前沿发展方向研究. 北京：人民交通出版社，2012.

[153] Das B M, Sobhan K. 土力学 [M]. 北京：机械工业出版社，2016.

[154] 林宇亮，杨果林，许桂林. 柔性网面土工格栅加筋土挡墙工程特性 [J]. 中南大学学报（自然科学版），2013，44 (4): 1532 - 1538.